U0173813

B端产品设计 与运营实战

于连林◎编著

北京大学出版社
PEKING UNIVERSITY PRESS

内 容 简 介

本书密切结合实际工作案例，从实际出发提出并论证了B端产品的架构模型，梳理了从产品设计到运营增长流程的注意事项。

本书内容覆盖了B端业务的商业模式、产品设计和运营增长等内容，介绍了B端业务的思维方式，按照B端产品生命周期分别介绍了业务、场景、需求、价值、客户运营和运营增长的相关内容。

本书内容丰富，实用性强，涉及很多B端产品设计和运营的方法论和案例，适合从事B端行业或即将转型B端行业的人员阅读。

图书在版编目(CIP)数据

B端产品设计与运营实战 / 于连林编著.—北京：北京大学出版社，2022.4
ISBN 978-7-301-32882-8

Ⅰ.①B… Ⅱ.①于… Ⅲ.①产品设计②产品管理 Ⅳ.①TB472②F273.2

中国版本图书馆CIP数据核字(2022)第031586号

书　　　名	B端产品设计与运营实战
	B DUAN CHANPIN SHEJI YU YUNYING SHIZHAN
著作责任者	于连林　编著
责 任 编 辑	王继伟
标 准 书 号	ISBN 978-7-301-32882-8
出 版 发 行	北京大学出版社
地　　　址	北京市海淀区成府路205号　100871
网　　　址	http://www.pup.cn　　　新浪微博:@北京大学出版社
电 子 信 箱	pup7@pup.cn
电　　　话	邮购部 010-62752015　发行部 010-62750672　编辑部 010-62570390
印 刷 者	三河市博文印刷有限公司
经 销 者	新华书店
	720毫米×1020毫米　16开本　12.5印张　173千字
	2022年4月第1版　2022年4月第1次印刷
印　　　数	1-4000册
定　　　价	59.00元

前言

欢迎阅读这本书

随着互联网和传统行业的深度融合，产生了新的生态，面向企业的产品和服务也蓬勃发展，催生了新的岗位——B 端产品和运营等，笔者也是其中的一分子。

笔者在天津卓朗科技发展有限公司（以下简称卓朗科技）经历了 B 端产品从 0 到 1 的整个过程，涉及从产品调研到商业化运营的很多方面。工作中积累了很多知识，踩过很多"坑"，笔者把这些总结出来便形成了这本书。

写书是一个自我进修的过程，有人说过，写一本书至少需要读五十本书，笔者在学习、工作中先后读过数十本相关图书，也看过大量国内外社区的教程和文章，笔者结合工作中的实践，把心得体会分享给读者，希望能帮助大家。本书中引用了很多前辈经过实际验证的观点，但仍难免有引用不规范的地方，还请读者见谅。另外，也有很多观点是根据笔者自身经历总结而来的，因为 To B 端有很强的行业属性，所以有些观点可能存在不准确之处，希望读者多提宝贵意见。

本书特色

B 端产品的服务对象是公司，通常行业特征相对明显，满足了企业相关用户在工作场景下完成协同工作的一些特定需求。产品既复杂又专业，B 端从业者既需要具备通用的技能，又需要具备特定行业、特定领域的专业知识。

市面上有关 B 端产品的书籍大多方向比较单一，基本都是在讲 B 端业务的产品设计。其实 B 端业务的产品设计只是一方面，商业模式、运营增长思路也是非常重要的，但是市面上的书籍很少介绍这些，而关乎 B 端业务生死的往往就是这些。

本书内容不仅涵盖了产品设计，还包括 B 端产品的商业模式、运营增长等内容。第 1 章介绍了打造成功的 B 端产品的概况，第 2 章梳理了 B 端产品的需求调研、产品设计、产品研发、运营增长的一些基本原则和共识，第 3 章和第 4 章介绍了理解业务、满足场景和实现价值的方法，第 5 章和第 6 章阐述了 B 端产品如何梳理业务架构、提升易用性、满足个性化需求，第 7 章和第 8 章分别介绍了客户运营和 B 端产品营销策略。

产品和运营是一体两面，每一章都包括产品和运营的知识点，本书是连贯的，后面的章节会用到前面章节的观点，建议读者尽量按顺序阅读。为了方便初学者阅读，部分章节附赠配套讲解视频。

B 端产品涵盖不同行业、不同领域的方方面面，欢迎大家一起学习交流。如果读者有好的观点和想法，可以随时与笔者沟通交流，笔者的微信号是 yulianlin1124。

提示：本书所涉及的配套讲解视频已上传到百度网盘，供读者下载。请读者关注封底"博雅读书社"微信公众号，找到"资源下载"栏目，输入图书 77 页的资源下载码，根据提示获取。

致谢

哈佛的一项调研报告说，一个人一辈子有 7 次决定人生走向的机会，普通人能把握两三次就会跃迁到很高的人生高度。我是从技术转型到管理岗位的，带领百人团队，主要负责产品设计、开发和运营增长。特别感谢卓朗科技张总（CEO 张坤宇）和陈总（集团副总裁陈岩光）对我的赏识，给了我一个学习成长的机会，我也把握住了这一次跃迁的机会。

　　我还要感谢穆心驰、贺怡钦、周州、王丽、何金刚、王松、孙越、刘林、王志强、贲福才等同事，通过在工作中和他们沟通交流，我学习到了很多专业知识，他们也给我提供了很多想法和思路。

　　此外，我还要感谢我的爱人对我的理解和照顾，感谢北京大学出版社魏雪萍主任和责任编辑王继伟的辛苦付出。

目录

第 1 章

打造成功的 B 端产品

"互联网 +"为很多传统企业敲响警钟，大家都在努力地保持时代性，谁也不想被潮流所抛弃。大家都想借着互联网的春风，提升企业效率。正是由于这样的契机，推动了 To B 端产品（面向企业的产品和服务，简称 B 端产品）的发展，催生了更多的相关岗位，如 B 端产品和运营。

B 端从业者不仅要涉足软件设计、开发领域，还要涉足运营、销售领域；虽然市面上有一些成熟的方法论，但是 B 端从业者还要针对特定行业、特定领域采取特定的策略。习惯了 To C 端产品（面向个人的产品，简称 C 端产品）的数据增长的刺激，可能会觉得 To B 端产品的数据增长的速度如蜗牛一般。

无论是产品还是运营，B 端都需要懂业务和专业技能的复合型人才。B 端的未来是光明的，但道路是曲折的，这是机遇，也是挑战。

1.1　B 端产品简介

几乎每个人每天都在接触 C 端产品，如微信、抖音、微博等。C 端产品主要依靠解决个人用户的痛点来获取信任，以日常生活为主，涵盖衣、食、住、行的方方面面，其使命就是获取大量的用户，创造用户价值，为后面的变现带来可能。

与 C 端对应的就是 B 端，B 端产品的受众是企业或组织，B 端产品的直接使用者其实还是企业或组织中一个个普通的个体，但它却是在为这个企业或组织带来巨大的收益。

虽然最终使用系统的依然是个人，但这里的个人已经被统一抽象为"角色"了。例如，CRM（客户关系管理）系统的功能主要是为"销售"这个角色设计的。例如，小王是销售，小王的某一些特点（如爱玩游戏和看书）不会影响产品经理对于销售相关功能的设计。

B 端产品的使用场景都是工作场景，主要解决企业或组织的某一经营问题，承担着为企业或组织提升效率、降低成本、控制风险的作用，如图 1-1 所示。

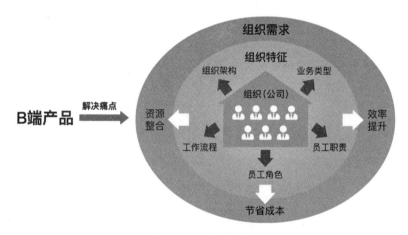

图 1-1　B 端产品简介

1.1.1　B 端产品的部署方式

B 端产品的部署方式可分为私有化部署和云部署。

1. 私有化部署

私有化部署是指软件部署在公司自己的 IDC（互联网数据中心）及专门配置的主机与存储设备中，以保障软件的安全性和稳定性，会与外部网络隔离。这种情况下客户将产品使用的情况数据化，运营人员也无法监控数据，所以也就无法通过分析数据改善产品了。

2. 云部署

云部署是指服务部署在公有云上，按照提供服务的方式分类，云服务可分为 SaaS（软件即服务）、PaaS（平台即服务）和 IaaS（基础设施即服务）。本书介绍的重点也是云服务部署的 B 端业务。

1.1.2　SaaS、PaaS 和 IaaS

1. SaaS

SaaS 是软件的开发、管理、部署都交给第三方，不需要关心技术问题，拿来即用。例如，客户管理服务 Salesforce、团队协同服务 Google Apps、存储服务 Box、存储服务 Dropbox、社交服务 Tim 等。

2. PaaS

PaaS 提供软件部署平台，抽象了硬件和操作系统细节，可以无缝扩展。开发者只需要关注自己的业务逻辑，不需要关注底层逻辑。例如，金蝶云苍穹就属于 PaaS，它提供可视化设计工具快速搭建界面、设计数据模型、创建业务逻辑和工作流。

3. IaaS

IaaS 是云服务的最底层，主要提供一些基础资源。它与 PaaS 的区别是，用户需要自己控制底层，实现基础设施的使用逻辑。大家所熟知的阿里云、腾讯云和卓朗科技的私有云等都属于 IaaS。

4. 三者的区别

IBM 的软件架构师 Albert Barron 曾经使用比萨进行比喻，解释 IaaS、PaaS 和 SaaS 的区别。

假设你是一个餐饮从业者，打算做比萨生意，你可以从头到尾自己生产比萨。但是这样比较麻烦，需要准备的东西很多，因此你决定外包一部分工作，采用他人的服务。你有以下三个方案。

方案一（IaaS）：他人提供厨房、炉子、煤气，你使用这些基础设施来烤你的比萨。

方案二（PaaS）：除了基础设施，他人还提供比萨饼皮，你只要把自己的配料洒在饼皮上，让他人帮你烤出来就行了。也就是说，你要做的就是设计比萨的味道，他人提供平台服务，让你把自己的设计实现。

方案三（SaaS）：他人直接做好了比萨，不用你的介入，到手的就是一个成品。你要做的就是把它卖出去，最多再包装一下，印上你自己的 LOGO。

总结得出，IaaS > PaaS > SaaS，从左到右自己承担的工作越来越少，如图 1-2 所示。

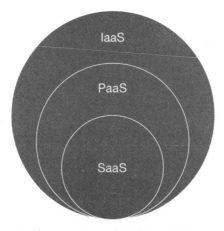

图 1-2　IaaS、PaaS 和 SaaS 的关系

1.1.3　B 端产品方向

很多企业都有一个清晰的愿景，那就是创造一项改变世界的业务，例

如，阿里巴巴的愿景就是让天下没有难做的生意。为了实现这个愿景，阿里巴巴制定了一系列战略——构建电商交易平台，布局了金融、物流等领域。战略包括商业模式、产品方案等，产品是企业战略的最终结果，如图 1-3 所示。

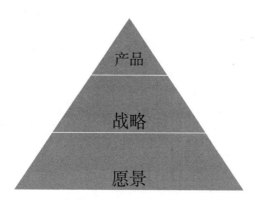

图 1-3　企业愿景、战略、产品的关系

B 端产品承载着产品厂商帮助企业或组织提升效率、降低成本、提高品牌价值的愿景，是产品厂商战略的表现结果。从宽泛的角度来看，客户从和企业的互动中体验到的任何事情，都应该被认定为是公司的产品。

B 端产品涉及企业业务的方方面面，常见的包括 CRM（客户关系管理）、SCM（供应链管理）、WMS（仓储管理系统）、TMS（运输管理系统）、ERP（企业资源计划）、OA（办公自动化）、IM（内部沟通工具）、HRM（人力资源管理）、大数据可视化等。B 端产品方向有很多，每一个方向又包含了不同的细分领域，例如，HRM 系统有的主做考勤方向，有的主做薪资方向。B 端需要懂业务和专业技能的复合型人才，开发产品前必须要了解公司战略、业务场景。

对于刚刚开始建立自己品牌的公司来说，要重点关注产品差异化战略，寻找方法来建立自己与竞争对手相比的独特性和优势，这可能是进入市场的最佳途径。

对于深耕某一业务领域的公司，也必须在创新上投入资源。当前业务可能正深处"红海"，从"红海"中脱颖而出并不容易，但是如果想让业务获得成功，也要利用产品特点，将其与其他竞争产品区分开来，通过产品差异化寻找"红海"中细分领域的"蓝海"。

1.1.4　B 端产品与 C 端产品的区别

相比一般的 C 端产品，做好 B 端产品不是一件容易的事情。B 端产品与 C 端产品的区别在于，面对的用户不同、场景不同、需求不同。

B 端产品主要是面向企业提供产品服务，企业客户一般涉及多个角色，不同的角色，产品的用户权限也不同。而且 B 端产品的用户量相对于 C 端来说更少一些，且通常以专业型用户为主，具有一定的职业属性，例如，HR、财务、采购、运营、销售等。我们一般还把购买服务的企业称为产品的客户。

B 端产品基本上是将"线下已有需求"系统化，很多需求是老板或客户提出来的。产品经理要了解需求背后的场景，为什么会有这样的需求，这个需求关系到哪些角色。一定要了解清楚需求，以及其关联的人群，因为后面的工作都是基于需求、基于用户做的。

整理好需求就要进入产品的规划阶段了，即调研市场、调研用户、规划产品路线。这里有些内容虽然是战略层的事，但无论有没有决策权，也要有这个意识去做，因为做这些会加深对业务的熟悉程度，在后面设计产品时会受益颇多。一个产品的核心竞争力是它最小可行性的设计方案 MVP（最小可行性产品），切记不要为了噱头无限制地去衍生功能。

虽然 C 端产品设计也可应用 MVP 思维，但是两者有明显的区别：B 端产品涉及的角色比较多，周期一般较长，逻辑复杂且流程多，所以 B 端产品的 MVP 不可能只包含一个或几个功能点，需要至少能满足某一个核心的业务需求；而 C 端产品的 MVP 更聚焦解决用户的核心痛点，可以只包含一两个功能点，产品周期短，甚至一两周就可以完成，更容易快速上线产品。一般 C 端产品的策略就是"小步快跑"，产品快速上线，可以快速验证产品方向是否正确，快速抢占市场，这方面 B 端产品很难做到。

To B 虽然不完全等于 To Boss，但本质上差不多。产品功能一定要优先满足老板的需求，然后尽可能地照顾使用者。老板可以决定是否使用当前产品，使用者良好的体验对于产品继续使用和续费有积极的推动作用。

1.1.5 B 端业务工作流程

C 端业务是面向普通用户，对价格比较敏感，有时一篇文章、一个视频、一个优惠活动就会让用户下单；B 端业务则需要打动决策链上的所有人，才能够最终产生订单。

产品要经历可用、可卖和规模化 3 个阶段。特别是规模化，最早使用团队产品的可能都是关系户，所以从服务几个客户扩展到大规模，也是考验团队的组织能力，不能忽略组织能力的建设。一般 To B 企业会按照"产品、市场、销售、售后"的流程来进行业务职能部门的划分，如图 1-4 所示。初创的产品团队也没有必要严格按照职能组建团队，但是一定要统一目标，《孙子兵法》讲道："道者，令民与上同意，可与之死，可与之生，而不危也。"用一个目标把大家绑到一起，形成利益共同体，才能求同存异。

图 1-4 B 端业务工作流程

（1）产品环节收集行业需求、迭代产品，实现客户业务闭环，需要产品经理对行业深入了解。

（2）市场环节对产品进行包装推广，获取潜在客户线索并培育线索。

（3）销售环节负责对成熟的线索进行转换，最终签单，是贡献产品收入的重要环节。

（4）售后环节是客户是否会续费和口碑传播的关键，现在都把这类岗位叫作"客户成功"，顾名思义，就是帮助客户成功，对客户在使用产品过程中产生的问题主动发起业务指导。

这几个环节是相辅相成的，有些环节是可以同时进行的，例如，产品环节和市场环节。产品的目标就是直接为企业战略服务，无论是产品、市场还是运营，都是殊途同归的，工作内容都会直接影响组织战略，所以不要根据自己的职位把自己限制在单一领域。

1.2 如何避免产品失败

笔者从很早就开始带领团队做一款 B 端 SaaS 产品，可以算是内部创业，犯过很多错误，也有过不少收获。成功的方法有很多种，失败的原因主要体现在以下几个方面：（1）市场定位问题；（2）业务不够集中；（3）营销能力不足；（4）商业模式匮乏；（5）融资能力不足。

1.2.1 市场定位问题

创造了早期拥有用户喜爱的产品或服务，却忽略了市场定位是一个非常大的问题。经过总结，笔者认为应从以下 4 个方面来考虑。

1. 考虑有没有市场或市场是否足够大

产品找不到一种可持续的运营模式，收入就无法增长。常见的情况就是公司最初的野心不够大，选择了一个特别狭小的细分市场，导致购买人数不足以使产品获利、找不到清晰的扩大规模的途径、运营活动无法让收支相抵。

例如，2016 年国内某科技公司从员工福利切入打造企业人才管理平台，建立了一个员工福利平台，HR 通过该平台发放福利，平台给企业提供发票。产品涵盖了内购特惠商城、年节福利、体检、生活缴费、企业用车、信用卡还款等场景。最终产品失败了，目前该产品厂商已经注销，产品也无法访问了。

大家思考一下就会发现，员工福利这个领域特别狭小，一般大公司都会有自己的员工福利平台，中小企业通过兼职的发福利人员就完全可以应付给员工发放福利这项工作，该产品给企业带来的价值有限，很难卖出太高的价格。对于一个产品到底如何定价，核心取决于能给客户带来的价值，而不是成本。有些生意不成功，就是在于成本太高，但是客户愿意为此付出的价钱是远低于成本的。

2. 考虑开拓市场的难易程度

笔者调研过农民工线上管理解决方案，截止到 2018 年，农民工将近 3 亿人，却极少有线上透明管理的，尤其是建筑行业农民工，能按月发薪的只有 6%。农民工市场虽然很大，但是如果推广一款线上管理民工的产品，难度还是很大的。

民工普遍受教育程度不是很高，在用户认知的教育上会有比较大的难度，包工头大部分还是采用传统管理方式管理员工。而且线上管理产品虽然会给用工单位带来更便利、更透明的管理，但中国目前的实际情况却并非如此，一级一级的管理仍然存在一些灰色地带，虽然政府近些年为了解决此类问题一直大力推广并出台相关政策，但是推行难度极大，因此软件带来的"透明"管理将会是管理者选择线上管理的最大阻碍，如图 1-5 所示。

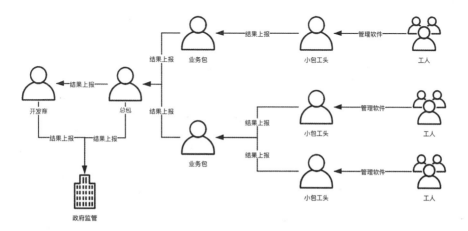

图 1-5　民工管理流程

3. 判断当前产品业务是否处于高度竞争的市场

在"红海"市场中想争取到用户非常困难。可以从产品功能入手，在"红海"市场中找到细分"蓝海"，比进军"蓝海"市场更有胜算。因为"蓝海"意味着需要教育客户，这个教育成本很高，存在很大风险。

早在 2015 年，数百家创业公司都想用互联网商业改造农村，链接供应商与农业种植大户的平台型农资电商就有很多，大家都满怀期待的杀入"蓝海"市场，但是两年之内，大多数都成了"墓碑"，甚至都没有留下只言片语。原因就是用户的教育成本非常高 —— 交流障碍、区域差异、意识隔阂，一系列非商业化、非标准化的问题，甚至还存在村民放狗咬地推人员的情况。

细分"蓝海"市场教育用户的成本相对较低，更加合适。例如，洗发水这个需求，拥有非常大的市场，同时竞争激烈。最初是洗发膏，后续出现洗发露，并开始对市场进行了基本的细分，如去屑、柔顺、控油等。很多产品的打造都可以借鉴这一思路。

还可以从目标人群入手，研究目标人群，发现其未被满足的需求或痛点，然后通过挖掘产品卖点、进行产品组合，形成特色功能，满足这类人群的需求或解决他们的痛点。

4. 注意差异化竞争

开始做一款新的产品时，一定要注意产品差异化，要错位竞争。如果做一款和市面产品差不多的产品，往往会"死得很惨"。有的 B 端产品负责人一开始就要去颠覆钉钉、企业微信，有这种想法的基本上都失败了，因为巨头的战斗力、市场资源比一般厂商要强得多。

关于产品差异化的方法，Kyle Poyar 前辈之前在博客中总结过，可以粗略地分为五大类 —— 功能、专有技术、设计、性能、客户服务，如图 1-6 所示。

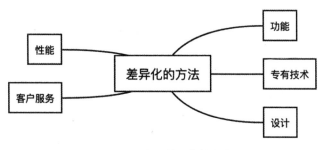

图 1-6　产品差异化的方法

（1）功能：客户通常愿意为一个不仅解决了他们的问题，而且比其他任何产品做得更快、更简单、更经济的产品支付更多的钱。根据功能进行区分的诀窍是进行可靠的 ROI（投资回报率）分析，以确保该功能是值得投资的。

（2）专有技术：如果产品含有一个"秘密武器"，并且由于技术或法律原因不能复制，那么根据产品的这一方面进行差异化可以给产品带来强大的竞争优势。专有技术可能是面向客户的组件或开发过程的一部分，无论以哪种方式，它都能让产品具有独一无二的优势。

（3）设计：在软件产品中，设计就是指用户体验。用户接触到的产品是什么样的？产品给人的第一印象和使用后的感受是什么样的？工作流程有多直观？卓越的设计不仅能帮助产品脱颖而出，还能创造强大的品牌忠诚度。

（4）性能：如果产品能够以更快的速度、更少的步骤或更高的精度完成一项任务，那么这可能就是将它与其他产品区分开来的方法。

（5）客户服务：如果团队的产品不适用于以上任何一个类别，那么团队可以考虑创建一流的客户服务体系 —— 快速反应、深入支持，这会对客户如何看待和评价当前团队产生巨大的影响。

不要用质量和价格来对产品进行差异化。根据产品质量来差异化产品虽然是可能的，但这实际上是一件操作起来非常困难的事情。客户通常认为"质量"是一种强制性的存在，而且互联网产品有时也很难评估质量好坏，算不上是一种优势。

价格差异化使产品团队不得不在价格而不是价值上竞争。虽然这种策略在短期内可能会奏效，但通常是不可持续的，总会有人愿意以更低的价格来抢走团队的客户。

1.2.2　业务不够集中

任何一个公司的开发资源都是非常宝贵的，尤其是初创公司，要尽量投入足够的资源去实现公司的战略目标。不能既做 A 又做 B，到头来很容易导致 A 和 B 都失败。

业务更不能频繁调整，就像图 1-7 中的漫画人物一样，打不到水就换个地方接着挖，到头来一地的坑。

图 1-7　漫画打井（图片来源于高考作文题）

2013 年时，笔者关注过一款企业内部沟通和效率管理工具 WorkingIM，如图 1-8 所示。

图 1-8　WorkingIM 截图（图片来自 WorkingIM 微博）

WorkingIM 可以有效地避免员工使用个人即时通信工具带来的有关安全、不可管理等诸多问题，同时支持移动端，比钉钉还要早上线一年多。如果产品厂商持续投入足够多的资源，打造破局点，吸引足够多的企业用户在巨头介入前建立自己的"护城河"，也许未尝不能成功。很遗憾的是，WorkingIM 很早就停止了更新，目前产品也停止了服务。

1.2.3　营销能力不足

《拉新：快速实现用户增长》一书中提到过"50% 法则"——用户增长与产品开发同等重要，应各占一半注意力，也就是 50% 的时间用在打磨产品上，另外 50% 的时间用来获得新用户。

不要一开始就把所有的时间和精力都用于产品开发，要留一半精力用于考虑客户增长。如果从产品的一开始就按照"50% 法则"去做，很大可能能避开一些陷阱。一些天使资本心目中优秀的 To B 团队，一定是销售和产品能力互补的团队。C 端业务好的总经理必须是好的产品经理，B 端业务好的总经理一般都是行业老炮＋超级销售。

当我们不知道客户是谁时，也就不知道什么是产品质量。如果产品是一个桶，增长是往桶里倒水，早期的推广拉新就是往破桶里倒水。因为早期产品还无法满足用户的需求、解决用户的问题，所以很多用户不想用它，故在用户增长上花的钱大部分都从桶中漏出去了。这些钱不能算作浪费，因为没有这个过程就很难知道桶（产品）的破洞在哪里，哪个地方漏水。

笔者刚做产品时就吃过亏，专注产品开发，没有和用户形成互动，浪费很多开发资源做了一些南辕北辙的事。后来花了一笔钱用于拉新，通过拉新得到了一批早期客户，虽然留存率很低，但是产品团队从早期的客户那里得到了很多宝贵的意见，也帮助产品团队找到了产品欠缺在哪里或关键路径的哪些部分出了问题。

1.2.4　商业模式匮乏

商业模式匮乏也是导致 B 端产品失败的主要原因。从 0 开始一项业务时，都需要深入研究商业模式。商业模式不仅仅是怎么赚钱的问题，更多的是关于产品团队能提供一个什么样的产品，给什么样的客户创造什么样的价值，在创造价值的过程中，用什么样的方法获得商业价值。

商业模式至少包含 4 个方面的内容：产品模式、客户模式、推广模式和盈利模式，4 个模式是递进关系，如图 1-9 所示。

图 1-9　商业模式

1. 产品模式

产品模式指的是产品的功能是什么，与客户如何互动，客户用产品来做什么。真正能在互联网行业做大的公司，基本上都是产品驱动型公司。所有的商业模式都要建立在产品模式的基础之上。没有了产品和对用户的思考，公司不可能做大。

科技建筑行业 Katerra 夭折的原因之一就是产品模式有很大的问题。

Katerra 利用建筑、物联网等领域的新技术，结合互联网和科技公司的新模式，想要颠覆传统建筑行业。Katerra 产品模式是装配式建筑，就是像积木一样盖房子。传统的建筑方式是把各种建材运到施工现场，再按照图纸施工，从无到有地把房子搭起来。而装配式建筑则是把大量的现场施工作业前置到工厂，直接加工制作好楼板、墙体、楼梯等模块，运输到现场进行简单安装即可，有效地降本增效。但是 Katerra 主要经营木结构建筑的设计施工，却忽略了木材本身的物理特性。据地产行业媒体 The Real Deal 报道，Katerra 在一个建筑项目中，从华盛顿州开采木材，经公路运输至位于凤凰城的厂房加工，又运回华盛顿州的施工现场。由于两地温湿度差异较大，运抵项目现场的木质墙板全部弯曲变形，无法使用了。最终 20 亿美元的融资打了水漂，不免让人唏嘘。

B 端产品有一个很大的特点就是其专业性和复杂度较高，一般人都不太熟悉甚至完全没有概念。把控能力不好及资源较差的公司，很容易沦为项目制公司，能做成标准化产品的公司都是非常有决心、能抵抗诱惑的企业。如果公司在做标准的平台级产品，那么就更要避免踩这个"坑"，项目制产品会导致公司的研发能力极度分散，无法聚焦解决真正的核心问题，这点做过外包产品的人都能理解。标准化产品的意义在于所有资源都围绕着公司的核心目标，降低销售成本。

标准化产品确实无法解决所有的客户需求，但是它应该要能解决大部分的客户需求，这是一个抽丝剥茧的过程，需要产品团队先提炼出大部分客户的共性需求，然后再进行产品化。

走标准化产品的路子固然会损失眼前可见的定制化需求的订单，但是对于公司长远发展来说是有利的。如果公司的现状需要这些订单来维持，又想有长远发展，那么设计产品时可以在共性需求上下功夫，保留一定的可扩展空间。

B 端产品的核心是解决企业工作中的痛点，为企业创造价值。好的产品就是有痛点立马就能想到的产品，例如，新冠肺炎疫情期间大家需要远程开会时就能想到腾讯会议或 Zoom。

2. 客户模式

在产品模式之上的客户模式，就是找到对产品需求最强烈的目标用户。B 端产品是需要种子用户的，可能是公司销售的客户，也可能是公司本身。如果产品不管在哪里都适用，那必然是平庸的产品，这说明产品团队没有经过认真的思考。

客户模式是要找到对产品需求最强烈的目标客户的运营模式，通过了解客户怎么运营、怎么做留存，明确用什么功能、服务、内容来获取客户。

B 端用户是带有属性标签的一个群体，包含决策者（老板）、管理者（业务部门负责人）和执行者（企业员工）。B 端用户更加立体，他们的价值主张也是从公司角度出发的，注重效率、成本、管控，追求服务的安全性、可靠性、稳定性。

3. 推广模式

推广模式就是产品团队找到一种方式来触达产品的目标客户群。要根据产品的客户群，结合产品的特性，去设计相应的推广方法。

推广与运营的概念会有交叉，从普遍意义上讲，推广是运营的一部分。推广模式是指用什么渠道来推广，怎么分配推广预算，是用人工来做免费渠道（人工花钱，渠道不花钱）还是做付费推广，付费推广做什么渠道，自营还是外包，自营怎么搭配团队，怎么分配预算。

如果团队的产品足够好，但是没有钱去推广，可能就要逼着团队想出很多方法，很多公司在推广模式上的创新都是被逼出来的。

如果产品有足够多的推广资源支持，往往会给人带来错误的判断，让人产生错觉，以为"一推就灵"，从而不再研究用户需求，不再重视产品的体验，其实这是最危险的。这时如果不对产品进行调整，产品团队将面临非常大的挑战。真正的推广是对产品的不断完善和提升。在推广的过程中，要不断研究市场，与目标客户打交道，了解客户真正的需求，了解客户使用产品时遇到的困惑和问题，再反馈到产品上进行改进，由此不断调整和完善。就像前文介绍的通过推广和客户形成互动，找到产品这个"桶"在哪个地方漏水。

To B 与 To C 相比，最大的区别就是 To B 很难依靠产品自身驱动业务发展。C 端用户关注体验，带有自传播的属性，很多用户会跟风体验，但是这种事情大概率不会发生在 B 端产品上。

当然也有例外，Zoom 是硅谷一家提供视频会议 SaaS 产品的科技公司，其价值主张是"让 Zoom 会议比面对面会议更好"，他们的平台是一个视频优先的沟通工具产品，包括视频、IM、内容分享。下面来看一下 Zoom 的发展历程。

（1）2011 年：Zoom 成立。

（2）2013 年：首次发布产品 Zoom Meetings，到年底一共产生了 2 亿分钟的会议时间。

（3）2014 年：发布产品 Zoom Chat、Zoom Video Webinars（相当于活动视频直播）、Zoom Rooms（视频会议室产品）。

（4）2015 年：员工达到 100 人，与 Slack 及 Salesforce 形成合作伙伴关系。

（5）2016：原生支持和 Skype 的互联互通，年度会议时间达到了 60 亿分钟。

（6）2017：发布开发者平台，第一次举办用户大会，在英国和澳大利亚新设了办公室。

（7）2018：发布 Zoom Phone（企业电话系统）、Zoom App Marketplace（第三方应用市场），与 Atlassian（发布 Jira、Confluence 和 Bitbucket 等产品的公司）及 Dropbox 形成合作伙伴关系。

（8）2019 年：每月的会议时间达到了 50 亿分钟。

（9）2020 年：新冠肺炎疫情让大家更加依赖视频会议产品，相关数据显示 Zoom 的日活用户已过亿。

作为一个 To B 公司，Zoom 有它自己独特的推向市场方式。与传统的企业应用不同，Zoom 利用终端用户进行病毒式传播。首先给终端用户特别好的使用体验，让他们不断地进行传播，而会议软件本身就自带了病毒传播的属性，因为用户会不断地邀请其他用户参加会议，然后通过用户自助购买，销售人员、代理或合作伙伴进行销售。这种方式让他们的销售转化非常高效和节约，有 55% 的大客户（年付费超过 10 万美元的客户）是用了起码一次免费的会议后再被转化为收费用户的。

可以看到，Zoom 不仅仅是 B 端产品，还具有很强的 C 端属性，如果团队的产品具备 C 端属性，那么可以从 Zoom 身上学到很多东西；如果产品不具备 C 端属性，那么可能并不适合从 Zoom 身上借鉴经验。举一个例子，接触过销售的人应该很清楚，销售人员很不喜欢把自己的客户和别人共享，但是公司一般会通过 CRM 系统进行客户管理，强制销售人员共享客户。所以，CRM 系统就不具备 C 端属性，它主要还是给公司带来价值，寄希望于产品在普通销售用户中产生裂变是很不切实际的。

Zoom 的模式其实不适用于大多数 B 端产品。B 端产品具有长研发周期的特性，所以在业务转向 B 端的初期，销售推广能力的建设是极其重要的，只有让产品走出去了，才能发现更多的可能。

4. 盈利模式

盈利模式就是要知道主要成本项是什么，收入来源是什么，收入减掉成本项能不能盈利。C 端产品大部分是下载和使用均免费，然后通过其他方面去盈利。

B 端软件生意是指公司的商业变现依赖与企业或组织的直接交易。

21 世纪初互联网刚普及时，一些大企业已经开始有 ERP 等服务的需求，To B 市场主要是传统企业软件的天下。因为那时市场上软件开发商不是很多，B 端产品处于卖方市场。

B 端产品主要服务于大企业客户，通过与顶级的合作伙伴合作，推出顶级的产品，提供一整套软硬件解决方案，并进行深度服务，一次性收取高昂的软硬件费用，并且每年加收不少服务费。

大企业客户对于价值比较敏感，对价格的敏感程度相对比较低，需求价格弹性小，可以接受较高的品牌溢价。当时大企业客户的数量比较少，B 端企业为了生存，除收取软件费用外，还会额外收取年度服务费，以维持稳定的现金流。

企业购买了产品，一般还要雇用相关的 IT 管理维护人员，付出了不少沉没成本。为了不让之前的花费泡汤，一般都是不断和 To B 企业合作下去，导致付出了更多的费用。可见，这个思维其实是不太正确的，出现问题要及时止损，不要总考虑之前投入的沉没成本。

随着社会成本年年上升，B 端企业为了提升价格，每年都会发布 1 到 2 个新的产品版本，然后对外宣传增加了多少新功能，因为产品功能更强大，投入了更多的研发成本，所以为了回收成本要提价。其实这是典型的成本决定价格的错误思维，定价是由这款产品的供求关系决定的，需求量少，它还是要降价。

随着进入 B 端市场的企业越来越多，不再是卖方市场。因为大客户数量有限，所以 B 端企业要想方设法服务好中小企业客户。中小企业的市场还是一片"蓝海"，无数中小型公司迫切需要 CRM、ERP 等服务来提升业务能力。但他们对价格的敏感度高，需求价格弹性大，传统软件的价格也劝退了大部分的中小型公司。

B 端企业要想开拓中小企业客户，就要给他们有吸引力的价格，不能卖昂贵的软硬件，也要尽量避免让客户投入 IT 人员维护成本。

这时 SaaS 模式应运而生，SaaS 模式与传统软件的区别如表 1-1 所示。

表 1-1　SaaS 模式与传统软件的区别

传统软件	SaaS 模式
客户一次性购买	按需租赁代替购买
价格高昂	价格便宜
客户需要同时购买软硬件	无须购买硬件
需要专业 IT 人员管理维护	无须专业 IT 人员维护
软件需要升级，需要花钱购买安装	与客户软件无缝同步

这时 B 端企业不仅服务于大型企业客户，还更多地服务于中小企业客户，通过按年服务的方式，一年一收费，针对不同客户推出不同的版本（免费增值版、企业版、私有化定制等），进行差异化定价，实现收益最大化。

这样对于中小企业来说，价格完全可以负担得起，替换的成本也不高，主要考虑产品给他们带来的收益是否能覆盖成本。这也倒逼 B 端企业不断精益求精，快速迭代，提供更好的服务，而不是一锤子买卖。

1.2.5　融资能力不足

融资能力不足也是制约产品发展的重要因素，其实真正的产品不是解决方案，而是一个行得通的商业模式。产品负责人真正该做的是随着时间的推移，系统性地降低商业模式的风险。

如果大家参与过创业，接触过融资，下面的问题肯定思考过。

（1）问题 / 痛点是什么？

（2）你是如何知道这是一个问题的？是否有数据来支持这个问题？

（3）你将为哪些客户解决这个问题？客户的画像是什么？谁将会是你的早期使用者？

（4）目前潜在客户正在使用的解决方案是怎样的？这些方案为何都未能解决问题？

（5）你会如何解决问题？怎么为你的客户带来价值？

（6）你的市场定位是什么？

（7）你的产品方案比别人好在哪里？能带来什么样的好处？

（8）基于公司当前的资源，你选择了哪些营销渠道？做了什么来验证这些是最有效的渠道？

（9）产品目前有多少付费客户，有多少行业标杆的客户，有来自客户推荐的客户吗？

（10）产品每月/每年产生多少收入？

（11）你有重要的合作伙伴吗？你提供了哪些必要的合作？

（12）你的产品是如何工作的呢？

（13）TAM（市场总量）、SAM（可服务市场总量）和SOM（实际可服务市场总量）有多大？

（14）客户的生命周期价值和获得成本是多少？客户流失率是多少？

（15）你是如何建立"护城河"，防止竞争对手夺走你的市场份额的？

（16）你的商业模式如何通过实验或案例研究获得验证？

这些问题根据不同的产品有不同的答案，无论产品处在什么阶段，都需要反复思考这些问题。当你对每个问题都有清晰的答案时，这时你大概率走在正确的路线上。之所以把这些问题列在这，是想让大家读本书的同时思考这些问题，并在读完这本书时结合自己参与的业务能得到清晰的答案。

• 本章小结 •

本章要点总结如下。

（1）B端产品的部署方式可分为私有化部署和云部署。

（2）云服务可分为SaaS（软件即服务）、PaaS（平台即服务）和IaaS（基础设施即服务）。

（3）B端产品帮助企业或组织提升效率、降低成本，涉及企业业务的方方面面，产品经理必须要了解业务场景。

（4）To B企业一般会按照"产品、市场、销售、售后"的流程开展工作。

（5）B 端产品与 C 端产品的区别在于，面对的用户不同、场景不同、需求不同。

（6）做产品前要考虑市场是否足够大、开拓难度如何、如何形成产品差异化。

（7）产品设计和客户增长同样重要，集中资源实现目标才能有效避免失败。

（8）B 端商业模式是由产品模式、客户模式、推广模式和盈利模式组成的。

第 2 章

B端产品从设计到运营的原则

　　每个人都会有自己的知识积累，团队组建后，团队的每个人无论是主动还是被动，都会把自己的专有知识传播给别人，形成团队的共同知识。企业内积累的共同知识越多，组织效率也就越高。可以把一些提升效率、避免问题的知识沉淀成原则。

　　B端业务大致可以分为4个阶段，分别是需求调研阶段、产品设计阶段、产品研发阶段、运营增长阶段。B端业务发展这么多年，每个阶段都有一些原则，可以将这些原则转换成团队的共同知识，有效减少部门内耗，自觉选择最佳方案，避免踩"坑"。

2.1 需求调研阶段

下面先来看看需求调研阶段的原则。

1. 要清晰地理解业务

C 端产品经理一般都是产品用户,例如,微信创始人张小龙肯定会用微信聊天,很多需求可以通过共情来挖掘。

B 端产品经理通常不是产品用户,必须通过业务来挖掘需求,不理解业务,也就失去了真实场景的来源。如果不理解业务,就很容易抓不到用户真正的痛点。

俗话说,隔行如隔山,即使都是 B 端产品,跨越不同行业,业务差别也会非常大。笔者分别主导过 HRM 和数据中心行业相关的产品,业务完全是不同的,但是有些理解业务的方法是可以互相借鉴的。

B 端产品经理要想清晰理解业务,就需要熟悉行业、熟悉流程 —— 通过市场分析、行业分析、竞品分析来熟悉行业,并从微观层面熟悉流程。推荐提前阅读 1~2 本行业相关的书籍,补充一下行业知识,这样有助于快速熟悉行业。例如,笔者在做数据中心动环监控系统应用时,阅读了李劲老师的《云计算数据中心规划与设计》,从而很快了解了数据中心的行业知识。通用的产品设计技能是不值钱的,真正拉开高级产品经理和初级产品经理差距的就是行业知识的积累。

产品经理还需要了解行业内的企业,尤其是标杆企业,其相应的业务是如何开展的,从而抽象出通用的流程和规则,这样才可以提高需求调研的效率,重点要挖掘企业的核心痛点,相关内容后面章节还会展开介绍。

《理解未来的 7 个原则:如何看到不可见,做到不可能》一书中提到一个方法,叫作未来标杆学习法,因为产品从调研到上线需要一段很长的时间,很有可能这段时间内业务就已经发生了改变,这也是为什么产品经常会改需求的原因之一。所以,为了避免这些问题的发生,要尽可能去想象标杆企业未来几年的业务可能发生的变化，这点比较难，需要发动产品团队成员去研究资料、讨论，最后头脑风暴形成结论。例如，未来的电脑配置、网速都会有明显的改善，数字孪生技术在业务中的应用就会越来越多（数字孪生是充分利用物理模型、传感器更新、运行历史等数据，集成多学科、多物理量、多尺度、多概率的仿真过程，在虚拟空间中完成映射，从而反映相对应的实体装备的全生命周期过程），因此笔者团队很早就布局了数字孪生相关的研究并应用在数据中心，如图2-1所示。

图2-1　数字孪生在数据中心的应用

2. 要考虑到产品使用场景，满足用户需求

B端产品基本上是将"线下已有需求"系统化，回归场景是一切的基础。产品经理在设计原型时，要考虑的重要因素之一就是"用户场景"，甚至在拿到一个需求的第一时间，就需要在脑海中思考用户在不同场景下的需求能否被满足，该如何满足，以此来进行需求的初步筛选，"场景思维"的重要性可见一斑。

对"场景"这个词来做解释，其实就是什么"人"在什么"时候"、什么"地方"，出于什么"目的"，做了什么"事"。

场景是设计和验证原型时最重要的依据，也是减少产品经理和开发人员矛盾的润滑剂。

大家来想象一个画面，一个上班快迟到的人在到达公司时打卡，这时他一定不希望迟到，打卡操作越简单越好。这个画面就是场景，也是在设计产品或验证产品可用性时的重要参考依据。

如图 2-2 所示，"完美工事"这款打卡的 App，产品设计就比较符合这个场景，打开程序直接就是打卡页面，用户操作非常简单，用完即走，也不会过多地去打扰用户。

关于场景的内容后面章节还会展开介绍。

图 2-2　打卡页面

3. 好的产品应该创造用户价值并带来商业价值

首先要知道产品的客户是谁，如果不知道客户是谁，不知道要面向谁去做产品，就好像是一个篮球运动员不知道篮筐在哪。

然后再思考能给客户解决什么问题，创造什么价值。史蒂文·霍夫曼讲过 B 端市场有一个基本的原则，就是产品是不是满足了客户最优先的前五项事项。例如，做 HR 相关的产品就需要了解企业的 HR 每天最头疼的五件事是什么，如果产品不能够解决这前五件事之一，就代表产品无法给客户创造太多的用户价值，产品大概率也卖不动，也就无法带来商业价值。

B端软件思考用户价值时还要从两个方面考虑，一方面是能给企业带来什么价值，例如，是否能提升效率、降低成本等；另一方面是能给决策人带来什么价值，例如，是否能提升KPI（关键绩效指标）、话语权或掌控力。

大家常说的用户体验并不是用户价值，提升用户体验固然好，但是B端软件的核心是解决问题、创造用户价值，只有这样才能带来商业价值。

商业价值的判断，第一个是盈利，第二个是持续盈利，第三个是持续更多的盈利，所以产品模式必须是持续正向增长的，需求理解→解决方案→客户成功→客户增长形成正循环，如图2-3所示。

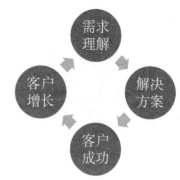

图2-3　商业价值正循环

2.2　产品设计阶段

产品设计阶段有以下几个原则。

1. 功能需要满足所有角色核心场景下的需求

B端产品要确保业务链路每个角色的核心场景都能跑通，如果有一个角色无法正常使用，那该功能就不算完整，会导致整个链路上的每个角色都无法正常使用。

如图2-4所示，以"完美访客"小程序为例，小程序主要是帮助企业在新冠肺炎疫情期间有效管理来访人员，包含三类角色——来访人员、企业超级管理员、子管理员。

（1）来访用户可以通过扫码填写信息登记。

（2）管理员可以生成访客码，查看、导出来访信息。

（3）超级管理员可以添加或删除子管理员。

图 2-4 "完美访客"小程序

麻雀虽小,五脏俱全,这虽然是一个简单的小程序,但是能满足所有角色的使用需求。

满足每个角色的核心场景的需求的同时,还要避免过度设计,因为添加客户不需要的功能,会引发客户的反感,降低程序的易用性。

做加法很容易,做减法很难。当然,对于一些通用软件,因为使用场景很难预测,将场景进行放大也是可以理解的。只是无论是通用场景还是垂直场景,都需要尽量了解场景之后,基于场景做最小化的设计,过度的设计实际上会影响用户体验,也会增加系统的复杂度。

2. 每个客户都应该是独立的、个性化的

传统 B 端软件生意是把软件卖给客户,客户要自己出钱部署、买服务器存储、搭建网络环境,还要请运维人员。而 B 端云服务类的产品,如 SaaS 类软件就不用,硬件由供应商自己出,放在公有云上,以服务的方式

租给客户，所以叫作卖服务。SaaS 本质上是由卖软件改成卖服务，帮助用户降低成本。

但是客户的使用方式还应该是一样的，每个客户之间不应该有交集，还要适当地满足企业个性化配置，对于大客户可能还需要定制化开发。不过要尽量降低定制化开发的比例，至于如何降低，取决于产品开发者对行业的理解深度，以及产品本身的成熟度。

因为笔者本人是技术出身，所以在做 B 端产品时设立了微服务的软件架构，把企业的个性化需求在微服务上实现，内部多用 API（应用程序接口）的方式互通，不影响主产品的升级迭代。给一个企业做的定制化功能，有时还能同时提供给其他企业使用。这里提到的微服务架构不一定适用于所有产品。技术始终服务于业务，新技术是好东西，但没有百分百的把握，自作主张用了，多半是要出问题。出了问题，自己无法解决，会出现无法挽回的损失。

3. 低耦合、高内聚

低耦合：产品结构内不同模块间的联系弱，关系简单，修改一个模块不会影响到另一个模块。

高内聚：产品结构中单个模块内的各个元素联系紧密。简单来说，就是一个模块内的代码只完成一个任务，即单一责任原则。

低耦合、高内聚会给产品带来什么好处呢？从短期来看，并不会给产品带来明显的好处，甚至会使开发周期变得更长。但随着产品迭代，会遇到更多复杂的需求。如果产品耦合度高，则牵一发而动全身，轻易不能改动功能，否则会牵涉到产品架构层面的问题。

还是以 SaaS 类的 B 端软件为例，SaaS 是把卖软件变为卖服务，放弃一次性收入，按照客户是否使用来收费，这样就必须真正做到让客户喜欢软件产品，持续满足绝大多数客户的需求，SaaS 产品结构及呈现方式必须可延续、可扩展。而低耦合、高内聚会给产品带来更好的扩展性、灵活性、复用性、可维护性。建议在产品开始设计时就考虑好产品未来的长期规划，避免后期难以迭代或需要重构。多和架构师沟通，防患于未然的同时，留给未来更多的可能。

每个产品模块还应该通过简单的一句话描述总结，方便营销人员给客户介绍每个模块的情况，描述内容一般包括问题、方案、特点等。例如，数据中心动环监控系统是在机房或机房设备内对机房的环境及动力环境进行监控的一套系统，一般包括资产管理、容量管理、设施监控等模块，每个模块对应的描述如表 2-1 所示。

表 2-1　数据中心动环监控系统模块与描述

模块名称	描述
工程组态	创建数据中心空间视图结构，配置空间组态，设置测点告警规则，高效完成数据实时采集工作
工程配置	灵活配置告警规则、联动策略，支持北向服务，满足数据中心的各种定制化需求
系统管理	提供丰富的权限配置内容，支持模块的个性化展示，操作日志查询可溯源，为各类数据中心量身打造管理内容
资产管理	提供资产上架、下架、变动、维修、迁出等功能，支持资产关联维保合同信息，方便数据中心工作人员对资产全生命周期进行管理
容量管理	自动计算各空间容量占用情况，结合各机房实际，为预上架设备匹配合适位置，让数据中心资源得以最大化利用
能效管理	根据系统配置的能效显示，自动计算各空间能效情况；可针对单个或多个测点进行分析；轻松实现各类数据中心节能指标分析
设施监控	图形化展示数据中心各空间、设备的实时数据和报警信息，为数据中心安全运行保驾护航

4. 权限控制尽量细致

B 端产品业务相对复杂，面对的企业客户规模和业务方向都不同，权限诉求也不同，因此要根据不同公司的业务权限，设计得尽量细致。

处理权限是一件比较麻烦的事，如果设计阶段没有考虑好，后期再改，成本是非常高的。一个账号在一个系统中可能对应多个角色，部分产品可能还涉及不同地区、不同分公司。那么，根据业务需要在角色定义层或权限分配层，先确定好集团、地区属性，再确定数据权限、菜单权限、功能权限等。

权限控制方面，产品和技术都可以参考一下RBAC（基于角色的访问控制）模型。

RBAC模型认为权限控制的过程可以抽象概括为：判断Who是否可以对What进行How的访问操作，即将权限问题转换为Who、What、How的问题。Who、What、How构成了访问权限三元组，分别对应用户、资源、操作。RBAC的核心在于通过为用户分配对应的角色，从而将用户与对应的操作联系起来，以实现用户对资源的操作，如图2-5所示。

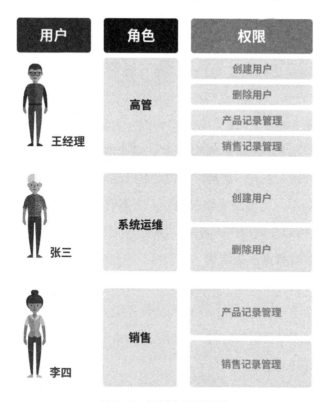

图2-5　RBAC模型示例

权限切记不要设置得过于复杂，一般来说，如果权限到模块级别就能满足需求，那就不要到页面级别，能到页面级别就不要到控件级别。为了提升易用性，可以初始化几个常用的角色，一个用户不要限制只能对应一个角色。在业务权限比较复杂的情况下，如果一个用户只能对应一个角色，就会导致最后需要设置很多角色。如果一个用户可以对应多个角色，这样只需要设置比较少的角色来进行组合，就可以满足很多种功能级别的权限控制了。

5. 产品要保持一致性，拒绝设置专业门槛

一致性包括视觉一致性、交互一致性、文案一致性和跨平台一致性。

对用户来说，一致性可以降低学习成本，用户在不同页面之间不会感到陌生，有助于提升用户体验，更容易展现产品独特的品牌感、品质感。

对团队来说，利用一套风格统一的视觉、交互组件能提升设计作品的一致性，团队之间沟通对接也会更有效率，不会出现风格不统一的情况。

不要设置一些专业门槛，以文案为例，之前看到过有人开发的产品有一处提示信息："企业 id 不能为 null"，虽然大部分开发人员能看懂，但是相信很多普通人都会不理解，这句话可以改成"企业不能为空"或"需要加入企业"等。类似需要修改的专业文案有很多，例如，PV 可以改成浏览量，UV 可以改成用户访问量，等等。

6. 按照优先级顺序去迭代

无论在哪家公司，技术资源都是非常紧张的，所以在进行需求排期时的沟通就非常重要了，可以按照下面的优先级去迭代。

（1）先保证有稳定的功能，能满足所有角色使用，如果功能不能正常使用，就没有任何意义。

（2）是否有能够战胜竞品软件、打动决策者的功能，能让客户转用另一家产品的功能必然是好功能。

（3）与客户收入直接挂钩，客户能用来增加营收、缩减成本的功能。哪怕别的地方做得一般，只要能给客户省钱，客户也是接受的。

（4）是否提升软件使用者的工作效率，用户每天都在频繁使用的产品功能，需要能高效操作，尽可能减少操作步骤。

（5）是否易用，易用指的是别让客户思考，客户一眼就知道该怎么操作，这有利于商务人员对使用人培训。但是这一点有时不太好评判，开发难度也比较大，所以优先级排在后面。

（6）最后是好看，做完前面所有的，如果有资源，尽量让页面好看，而不是一味地只追求好看。笔者用过某厂的 OA 系统，界面不是一般的难看，但是功能很强大，不影响公司正常使用。

7. 做好主线功能，同时要保证极端低频事件有路可走

B 端产品需求来源于线下场景，有些工作线下做起来比较简单，但是线上的开发工作量非常大。例如，有些流程需要支持逆向操作，这种业务在流程中如果有大量的逻辑，那么逆向操作的代价是巨大的。

对于极端低频事件，不一定要完全线上支持，很多时候可以采用线上 + 线下的支持方式，保证在低频事件发生时，系统不至于无路可走就行。

举一个例子，笔者在做 HRM 薪酬的薪资计算时，总是会有一些薪资补贴是很难标准化的，这种情况就不需要全部放到线上管理，可以考虑在程序中预留一个输入补贴金额的地方，让客户在线下计算完成后再在线上输入补贴金额即可。

有的流程在线上不要做得太死板。再举一个例子，公司在做招聘管理模块时，笔者就指出了设计的缺陷。正常的面试入职流程是面试官同意录取后办理入职，如果严格按照这个流程，系统是很难用的。因为现实中会有很多意外情况，例如，面试官很有可能是公司老板，老板不一定有时间进入招聘管理系统单击同意按钮，这时就需要有权限的角色在线下得到老板的许可后，在线上帮助老板完成流程，如图 2-6 所示。

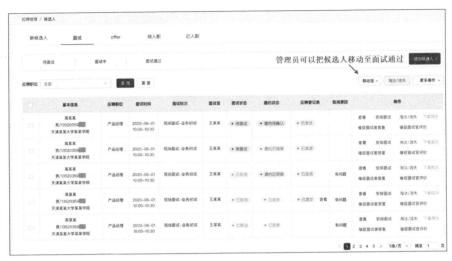

图 2-6 招聘业务示例

2.3 产品研发阶段

产品研发阶段有以下 3 个比较重要的原则。

1. 保证系统的稳定性，最大程度避免系统改造和重构

对 B 端产品服务商来说，系统稳定性的保障一直是一个非常复杂的命题。通常情况下，业界比较优秀的服务商，其系统稳定性一般能做到99.9%，相当于全年无休。系统不稳定对品牌口碑影响很大，还会直接带来经济损失。例如，某线下门店的产品在 2020 年 2 月就出现过删库事件，导致系统几乎瘫痪，数据到月底才逐步恢复，对客户造成了很大的损失，对公司也造成了很大的影响。

保证系统稳定性的关键是业务和技术层面，需要产品经理和技术人员共同努力。产品经理要有对业务逻辑的深入理解和对未来业务的准确预判，并且对业务产品的各个维度组成有抽象化能力。可以从用户维度、商业维度、需求场景、功能服务维度去考虑；用户层面好好分析系统的几类角色；商业层面好好构思付费模式、增值模块。凡事多想一步，让团队各成员心里有数，落地执行时多做少做心里也有底，在把产品方案传递给技术研发时，整体架构上也便于预留扩展，做到系统的耦合或内聚的决策更加精确，业务模块的复用性更好。

功能模块之间尽量分好层级，比如 A 模块需要依赖 B 模块的数据，那么 A 模块就在 B 模块层级之上；如果两个模块没有数据依赖，可以放在同一层；如果两个模块需要互相依赖，表明模块不够内聚，模块划分不合理，可以合并成一个模块或把数据互相依赖的部分单独抽离出来变成一个新的模块放到两个模块的上层。还是以数据中心动环监控系统模块为例，所有上层模块都依赖工程组态、工程配置、系统管理的数据，所以这 3 个模块就在最底层；而设施监控模块又需要监控其他模块的数据，所以这个模块在最顶层，如图 2-7 所示。

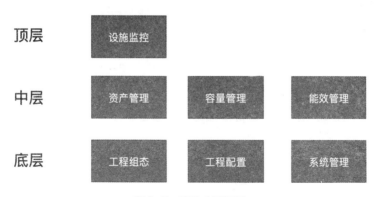

图 2-7   模块分层示例

2. 技术架构上要考虑高可用性、伸缩性、可维护性等

高可用性：系统不依赖单点，即一台服务器宕机了不至于影响业务系统；一个数据库宕机了不至于数据丢失，被非法攻击了数据能很好地转移。

伸缩性：好的架构在用户量为 1 万时能支撑业务，在用户量突增至 100 万时也能简单地通过加机器来解决等。

可维护性：随着业务的增加，技术复杂性也会增加，系统的自动化运维能否跟上，运行时的监控、日志系统是否完善，系统需要自动预警和恢复，而不能简单地找人维护。

私有化部署的 B 端产品对高可用性和伸缩性的要求没有那么高，但对可维护性有更高的要求。每当客户系统崩溃时，都需要产品厂商的运维人员驻厂维护，成本就非常高了，所以要尽量避免这种情况。

3. 技术框架切忌贪大求全，适合的才是好的

新的技术固然有它的好处，但技术始终是服务于业务的。对于新产品来说，最重要的是要把业务跑起来，形成正向的循环，而不是为了追求最新的技术。一些大公司的技术框架非常优秀，但是这种框架一般都是在资源非常多的情况下才能体现出来优势，不适合一般公司。

笔者之前和一些同行交流，有些团队在项目初期，正是中台概念大火之时，基于保证后续多行业的可拓展性和对中台概念的着迷，整个系统采用了微服务的框架。经过大半年的迭代，微服务数量达到了三十多个，服务数量的增加导致资源极度紧张和混乱，一个功能往往涉及多个服务；服务抽象不清晰，设计不合理，一个需求都需要大改服务。前期开发人员多时经常出现服务间信息不一致的情况，后期开发资源减少又面临一个开发人员维护多个服务的情况，极大地降低了效率。

2.4 运营增长阶段

运营增长阶段也需要注意一些原则。

1. 避免用 C 端产品思维去运营 B 端产品

有些刚从 C 端转型 B 端运营的人经常会吐槽，以前很多 To C 的运营手段在 To B 中不适用，而且 To B 端数据量也非常少。

举一个例子，一般 C 端产品受众比较广，几乎任何一个渠道都能筛选到有价值的精准用户，通常一场活动或一次广告投放下来，产品已经积累了上万个用户，有时甚至可以做到几十万元的充值。

再来看 B 端产品，一场活动有几百个人参加就已经很不错了，从这场活动中能拿到几个有价值的线索，后期通过商务的跟进可能成单，但是已经与活动相隔了很久，没有了活动中的激情。而且，To B 的获客渠道相对比较窄，不会在每个渠道上都有流量，而且也要筛选有价值的用户，因此数据增长得相当缓慢。

C 端产品的考核指标相对直接，可以定量分析，如日活跃用户数、月活跃用户数、用户增长率、营收相关指标。B 端考核方式取决于产品形态，一般会关联订单、营收、续费等。

目前市面上的 B 端产品运营的方法论非常稀缺，C 端的运营干货、文章、书籍有很多，所以就会导致很多人运营 B 端产品时，都会把 C 端的运营思维或多或少地挪用到 B 端产品上，这种错误在刚接手 B 端产品时很容易犯。

举一个例子，某 B 端 OA 类产品为了促进用户活跃度，运营人员增加了签到领积分的活动，如图 2-8 所示。这其实就是带着严重的 C 端运营思维，做这种活动确实能带来一定参与率，但是 B 端用户是否活跃取决于产品为工作带来的价值而不是积分活动，这种活动对用户使用产品还是一种打扰。B 端产品是解决问题、提升效率的，讲究的是用完即走，企业管理者看到员工都在参与活动而不专心工作，他肯定会对产品进行负面的评价，从而影响产品续费。

再来看一下某大厂 B 端产品在微博投放的广告，一个简单的大转盘抽红包，如图 2-9 所示。用户抽完之后直接跳到官网的下载页面下载 App 产品，引导用户进入 App 使用这个红包。其实这个大转盘抽红包活动就是带着严重的 C 端运营思维在做投放。

这种广告投放在微博这种大流量的 App 上可能会带来一定参与率，但是用户跳转 App 或下载 App 的转化率不会太高。还有就是微博这种大流量的开屏广告价格肯定不菲，除了大厂的产品，没有多少人可以拿出这么多钱来投这个广告，这只能算是做了一次品牌曝光，当时用户不精准，流量转化率肯定是很低的。产品的用户是企业员工，这类用户背后的直接决策者可能就是某个部门的领导或公司 CEO，但是这次的投放重点并不是解决这类用户的需求，因为这类用户一般不会在乎蝇头小利。

图 2-8　错误案例一，签到领积分活动

图 2-9　错误案例二，大转盘抽红包活动

综上所述，C 端产品和 B 端产品面对的用户不同，需求也不同，一定要避免用 C 端产品思维去运营 B 端产品。

2. 在运营 / 销售 B 端产品前，必须熟悉自家产品

B 端产品的特点就是其专业性和复杂度较高，一般人都不太熟悉甚至完全没有概念。用户在使用公司产品时，运营人员或客户成功团队甚至是销售人员都需要扮演专家的角色。

因为面向企业用户，所以有以下两类人需要从产品厂商这里获得专业的信息。

（1）企业决策者，负责决策。

（2）企业需求者或技术人员，需要使用产品或对接产品。

很多运营和销售人员对自家产品可能只能说出一句标语及一些功能作

用，当被问到具体的产品功能、核心卖点及小细节时，很多人是答不上来的，这一点一定要避免，必须要熟悉自家产品。

作为运营人员，必须要了解产品简介，还要熟悉产品在公司整体产品矩阵中的位置及与其他产品的关系、产品演化方向、各个版本的重要新增功能。

快速熟悉 B 端产品的方式包括看产品手册、参加公司培训、咨询专家。

因为 B 端产品比较复杂，所以产品手册一般内容比较多，阅读起来不易抓住重点，毕竟有时 B 端产品大多数的功能都是为低频用户准备的。把两百多页的产品手册读完不一定能记住 10 个高频使用的功能点，所以看产品手册大多数时候解决不了快速上手的问题，更适合在使用过程中遇到问题之后进行翻阅。

公司的培训大多数也是产品手册延伸出来的，培训时间很长，最终可能也很难记住功能点。

最好的方式是请教公司内部的产品专家或业务专家，从他们那里获知用户常用的一些关键操作，这样既能节省学习的成本，还避免了学习之后记不住的问题。

B 端产品不同于 C 端，除了熟悉产品功能，还要了解产品在用户的生态中发挥了怎样的价值。B 端用户的运营工作都要围绕产品产生的利益进行。建议运营和销售人员也参与产品研发或深度接触用户，从客户的角度了解产品，得到反馈后可能会有新的认知。

To B 端公司有多条产品线时，从一条产品线开始了解，等到真正熟悉了产品之后再去学习并了解新的产品线。B 端产品适合做精、做透，需要大量时间学习，同时也需要学习客户的业务，而不是简简单单看完产品手册就万事大吉了。

• 本章小结 •

本章要点总结如下。

（1）需求调研阶段要多思考，注意使用场景，要满足用户价值和商业价值。

（2）产品设计阶段要考虑不同角色的场景和需求。

（3）客户之间是独立的，互相之间不影响，数据一般是不互通的。

（4）产品功能模块要低耦合、高内聚。

（5）权限控制尽量细致，可以参考一下 RBAC 模型。

（6）按照"稳定性→打动决策者→提升收入→提升工作效率→易用→好看"的优先级迭代。

（7）既要做好主线功能，也要保证极端低频事件有路可走。

（8）在产品研发阶段，产品经理和技术人员要相互配合，保证系统的稳定性和可扩展性。

（9）技术框架选适合的，切忌贪大求全。

（10）避免用 C 端产品思维去运营 B 端产品。

（11）在运营 / 销售 B 端产品前，必须熟悉自家产品。

第 3 章

如何更清晰地理解业务

　　B端企业需要懂业务和专业技能的复合型人才，B端产品经理要想清晰理解业务，就需要熟悉行业、熟悉流程——通过市场分析、行业分析、竞品分析来熟悉行业，并从微观层面熟悉流程。本章重点介绍如何理解业务。

3.1 理解业务的重要性

理解业务对于 B 端产品非常重要。

3.1.1 B 端业务与 C 端业务的区别

就像第 2 章讲过的，C 端产品经理一般都是产品用户，例如，微信创始人张小龙肯定会用微信聊天，很多需求可以通过共情来挖掘；B 端产品经理通常不是产品用户，必须通过业务来挖掘需求，不理解业务，也就失去了真实场景的来源。

对于 C 端产品来说，每个版本的更新迭代最好不要超过 3 个功能，可以为了某个运营活动单独发一版。对于 B 端产品来说，衡量产品完善度的不是功能点数，而是看是否满足具体业务，企业希望的是一站式解决方案，而不仅仅是解决一两个问题，做 B 端产品不仅需要满足核心业务，还要融合周边业务。

To B 的用户与 To C 的用户有比较大的区别，企业服务产品的使用并不是由个人决定的，而是由用户企业的决策链决定的，这就导致了 C 端的决策周期很短，而 B 端的决策周期比较长。

3.1.2 B 端产品理解业务的重要性

笔者在做 HRM 方向的产品"完美工事"时，要求部门产品经理要多和公司的 HR 沟通，询问他们的痛点，多了解他们工作中的流程，重点了解他们每天工作最头疼的五件事，只有这样才可能有机会挖掘出来符合场景的需求。要想高效地沟通，还需要提前熟悉专业知识和行业情况。

需要注意的是，上面说的是"可能"，并不是确定的，因为在不同行业下还会衍生出不同的模式。例如，IT 行业和建筑行业就完全不同，IT 行业按月发薪，工作时间相对固定；而建筑行业的工作时间和地点一般不固定，甚至发薪时间都不固定，比如农民工一般平时发生活费，年底或项目结束时发薪。如果要做各行业通用考勤薪资相关的产品，就需要考虑这两个不同行业的实际应用场景。

同行业下每个公司的处理流程和方式可能也不同，例如，互联网行业的公司有的年假是年底失效，有的则保留到次年 3 月底，还有的是一直累计不失效。做考勤相关的 SaaS 产品时，就需要考虑这种不同规则的情况。

综上所述，B 端产品经理需要了解行业内企业的相应业务是怎么开展的，从而抽象出通用的流程和规则，这样才可以了解企业的核心痛点，提供 B 端产品与服务时也可以有的放矢。对于每个企业，也有必要了解相应业务的不同员工是如何操作，最终实现公司业务的运转的。了解这些内容，才可以使 B 端产品的设计更快落地。

3.2　熟悉行业

熟悉业务需要先熟悉行业。

B 端产品分为业务垂直和行业垂直，业务垂直型专注的是多数行业需求高度相似的业务领域，如考勤服务；行业垂直型专注的是在部分业务环节有强烈个性化需求的行业领域，如金融领域。两者面向的客户群体并非完全交叉重叠，但随着创业公司的发展壮大，业务边界拓宽，这种竞争关系也在发生变化。

其中，常见的发展路径是业务垂直型产品针对具备一定个性化需求的行业拓展行业解决方案，行业垂直型产品向特定领域全链条的闭环服务发展，形成有别于业务垂直型产品的竞争壁垒。

无论是业务垂直还是行业垂直，都需要熟悉行业，那么怎么才能快速熟悉行业呢？

行业的类别有很多，如文娱业、金融业、IT 业、建筑业等，了解行业需要通过 3 个方面 —— 熟悉行业大环境、行业分析、行业下的竞品分析。

3.2.1 熟悉行业大环境

熟悉行业大环境可以通过 PEST 分析法来分析行业面临的外部影响因素（P 代表政策，即政策趋势变化；E 代表经济，即经济环境变化；S 代表社会，即消费者习惯变化；T 代表技术，即技术革新），如图 3-1 所示。

图 3-1 外部影响因素

1. 政策（P）

在做任何事情之前，首先要看政策是否支持，其次要看监管是否已经开始介入，如果介入了就意味着行业开始规范了。例如，政府非常支持新能源，互联网金融已经开始监管了，国家拿资金、政策来鼓励新能源，所以新能源汽车行业飞速发展；又如，"一带一路"倡议的税收补贴，带动了跨境电商行业的发展。如图 3-2 所示，2020 年 4 月，国家出台了《关于推进"上云用数赋智"行动 培育新经济发展实施方案》，将大力培育数字经济新业态，深入推进企业数字化转型。

国家发展改革委 中央网信办印发
《关于推进"上云用数赋智"行动 培育新经济发展实施方案》的通知

发改高技〔2020〕552号

各省、自治区、直辖市发展改革委、网信办：

为深入贯彻落实习近平总书记关于统筹推进疫情防控和经济社会发展工作的重要指示批示精神，按照党中央、国务院决策部署，充分发挥技术创新和赋能作用抗击疫情影响、做好"六稳"工作，进一步加快产业数字化转型，培育新经济发展，助力构建现代化产业体系，实现经济高质量发展，国家发展改革委、中央网信办研究制定了《关于推进"上云用数赋智"行动 培育新经济发展实施方案》。现印发你们，请认真组织实施，推进中遇到的问题、形成的好做法请及时报国家发展改革委、中央网信办。国家数字经济创新发展试验区要积极行动，大胆探索，推进各项任务加快实施。

国家发展改革委

中央网信办

2020年4月7日

图 3-2 政策示例

2. 经济（E）

考量一个行业的空间，还要关注这一行业的经济环境。例如，随着互联网流量成本变高，电商解决方案不如以前理想，新零售又兴起了。

又如，2003 年非典的影响巨大，催生了电商的蓬勃发展，淘宝等电商平台逐渐嗅到了机会；2020 年的新冠肺炎疫情同样改变了经济模式，使在线办公、在线教育、远程协作相关行业逐渐发展。

可以在中国政府网站查看最新发布的政策和经济数据，如图 3-3 所示。

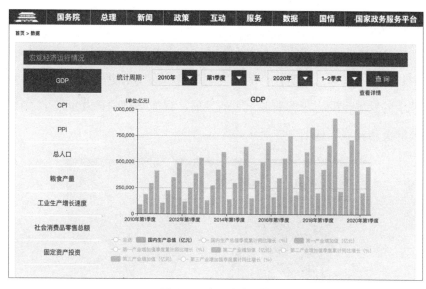

图 3-3　中国政府网站

3. 社会（S）

社会环境本质上是研究人的需求层次，要关注用户需求的变化。例如，现在大家消费升级了，需要让大家在消费时显得更有尊严，生活更有效率，让大家对生活充满憧憬。例如，咖啡行业，星巴克卖得贵，是因为星巴克给人塑造的感觉就是高端，抓住了人的心理。图 3-4 所示是星巴克天津大悦城店。

图 3-4　星巴克天津大悦城店（图片来源于星巴克官网）

4. 技术（T）

技术的进步会对某些行业产生影响，如大数据、物联网、深度学习已经影响到各行各业。人类社会的发展史就是一部技术史，例如，新型锂电池技术的发展也助力了新能源汽车的发展，智能手机的普及也催生了移动办公的蓬勃发展，如图 3-5 所示。

图 3-5　移动办公

3.2.2　行业分析

任何事物的发展，一定遵循"萌芽→起步→快速发展→成熟→衰退"的规律，这也是企业和行业的生命周期，如图 3-6 所示。

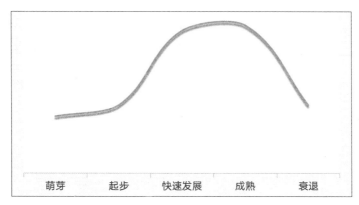

图 3-6　事物发展的生命周期

只有判断出行业所处的阶段，才能知道规模有多大、市场有多广。萌芽阶段的规模会缓慢爬升，此时不会太大；起步阶段的上升曲线开始呈现陡峭状态，此时的市场容量在逐渐增大；快速发展阶段一般都是野蛮扩张，这时的发展曲线斜率大于 45 度，规模急剧扩大，表现出供不应求的状态，此时大家发现该行业有暴利，就会争先去扩张，市场容量也会继续爆发；等到成熟阶段，市场则会开始进行"自发淘汰"，行业集中度会明显增加，很多小企业会被淘汰，最后只剩下一些有技术、有壁垒的大公司；最后行业也会不可避免地进入衰退阶段，这时市场范围缩小，销售量由缓慢下降变为急剧下降。行业所有的企业都需要尽快转型。

如果这个市场只有 1 个亿的规模，那么无论怎么折腾，产品的天花板就 1 个亿。时任金山 CEO 的雷军特别后悔的一件事就是当年在金山时先做了词霸，等了好几年才做毒霸，而毒霸的市场规模是词霸的 100 倍以上。

根据市场增长率、独立用户数、收入、利润等关键指标，可以判断出产品的增长态势。可见，行业分析承担的是论证产品成长空间和盈利空间的职责，也能判断要做的产品有没有机会切入市场，所以非常重要。

如图 3-7 所示，根据网上数据显示，随着企业上云意识增强，人力资源管理软件产品迭代优化，HR SaaS 在 2018 年和 2019 年上升势头明显，增速分别为 43.7% 和 45.7%。根据专业数据公司的推算，HR SaaS 市场规模预计在 2023 年超过 70 亿元。

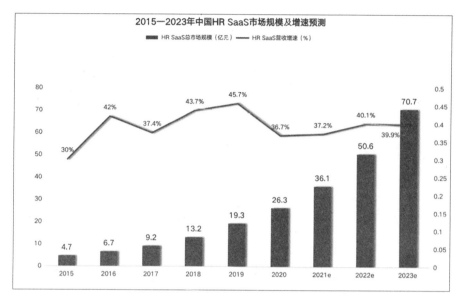

图 3-7　HR SaaS 市场规模及增速预测

研究一个行业，一定要看它的市场容量，从而判断未来的市场规模。一个连市场规模都摸不清的行业，看起来再好再美妙，业绩也无法落地。

有时可以根据已有的数据估算一下整个行业的市场规模，例如，通过企业财报可以看到数据中心动环监控系统排名前三的厂商营收分别为 2.2 亿元、1.5 亿元、1.2 亿元，根据这些数据可以大致估算出市场规模在 15 亿元左右，未来会随着数据中心市场规模的增加而增加。

一些突发事件也会改变一些行业的格局，如图 3-8 所示，由于新冠肺炎疫情的影响，在线远程办公市场呈现井喷式爆发，相关行业、应用迅速发展。2019 年中国智能移动办公市场规模达到近 300 亿元，2020 年接近 450 亿元，增长率超过 50%，2021 年预计将达到近 600 亿元，并稳步增长。

有些行业注定无法一家独大，如餐饮业，也有些行业注定由少数几家公司统治。了解行业时一定要了解行业内的标杆企业，例如，调研餐饮行业时可以先了解一下海底捞，看看海底捞的财务报表，了解一下创始人的格局，看看第三方报道，等等。这样才能更全面地了解这个行业。

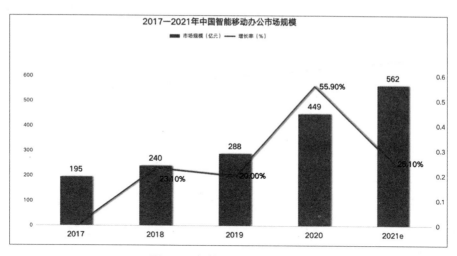

图 3-8　智能移动办公市场规模

3.2.3　行业下的竞品分析

了解行业的同时，还要时刻关注服务这个行业的 B 端产品，也就是产品的竞品。B 端产品不像 C 端产品那样随处可见，除了钉钉这类体量比较大的 B 端产品（钉钉也具备 C 端属性）。大家可以在各大应用商店或应用推荐平台上，看到已经分门别类的 C 端产品，但很难在某个平台上看到所有的 B 端产品。由于行业特性，很多 B 端产品都是线下交付的，不同产品之间的信息壁垒就更大了。

1. 获取竞品信息的方式

获取竞品信息的方式也需要大家挖掘，表 3-1 列出了一些获取方式，可以作为参考。

表 3-1　B 端竞品信息的获取方式

官方渠道	相关人员	第三方
官方网站	竞品的客户	招标采购信息
官方出版物	面试竞品公司的人员	媒体报道
销售、客服人员	业务合作洽谈人员	行业会议

续表

官方渠道	相关人员	第三方
官方媒体（公众号、微博）	通过脉脉等渠道和竞品公司人员沟通	专利
公司财报	—	软件著作权
体验产品（最好有开通权限的账号）	—	第三方网站

其中，第三方网站是竞品信息的主要获取方式，主要网站如下。

（1）行业报告（或科技媒体）网站：行业报告中有宏观数据，一般也能找到有代表性的竞品信息。行业报告网站有中国报告大厅（图3-9）、艾瑞网（图3-10）、阿里研究院（图3-11）、艾媒网（图3-12）等。

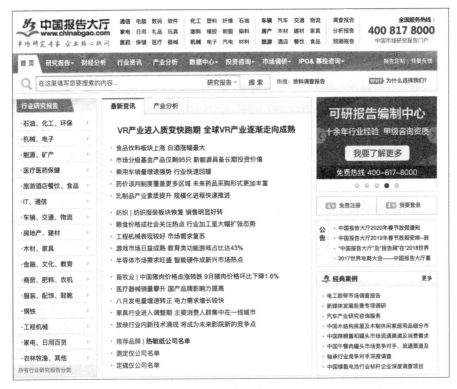

图3-9　中国报告大厅

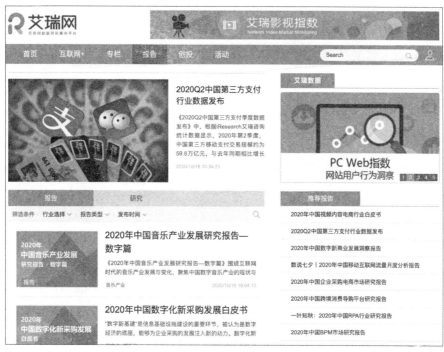

图 3-10 艾瑞网

图 3-11 阿里研究院

图 3-12　艾媒网

（2）指数排名网站：常用于分析 App 和网站的数据，如七麦数据等，如图 3-13 所示，可以看到腾讯会议 App 在新冠肺炎疫情期间的数据变化。2020 年 1 月 26 日之前，腾讯会议 App 在 iOS 免费总榜单上甚至没有进前 1000 名，而新冠肺炎疫情期间长期位于榜单前列，也侧面反映出了新冠肺炎疫情导致视频会议的需求量激增。

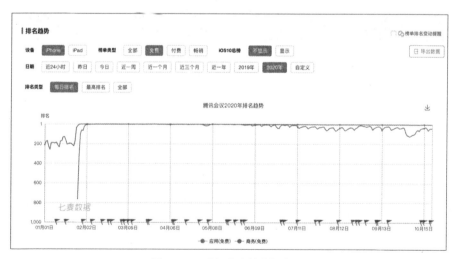

图 3-13　腾讯会议的数据变化

（3）企业工商信息网站：可以查到公司工商、税务、投资背景等信息，网站有爱企查（图 3-14）、企查查（图 3-15）等。

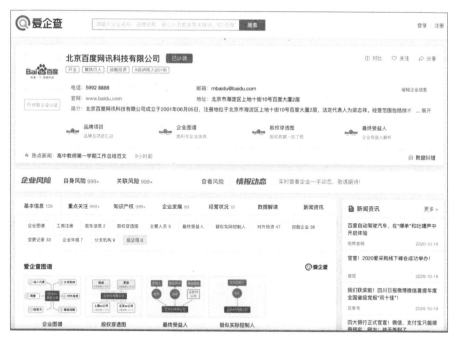

图 3-14　爱企查

图 3-15　企查查

（4）问答社区：有知乎等网站。例如，大家要找做电子签章的竞品时，可以直接在知乎上搜索"电子签章是否具备法律效力"之类的问题，就能看到"法大大"等产品运营人员的答案，如图 3-16 所示。顺藤摸瓜就可以找到相关竞品，有时在答案中也能分析出竞品的一些优势特点等信息。做 B 端产品内容运营时也需要在主流的问答社区填充一些必要的营销推广内容。

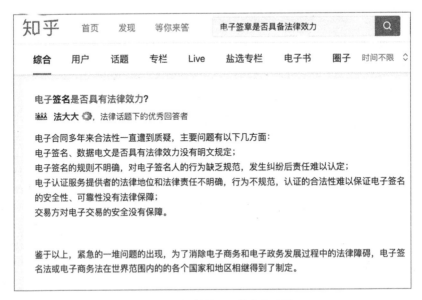

图 3-16 问答社区寻找竞品示例

最快收集信息的方法是通过行业报告、行业展会、科技媒体等网站找到竞品，借助一些第三方网站和竞品官网完善信息，也许还能有意外收获。例如，经常浏览 36 氪之类的媒体，也许会发现竞品，甚至能找到合作伙伴。

2. 竞品分析的注意事项

对 B 端竞品分析不能只停留在产品层面，需要从 3 个方面分析：竞品企业分析、商业化分析和产品分析。

可以先收集竞品企业的基本信息、融资情况、经营状况、目标客户等，如果可以得到一些高级信息就更好了。例如，竞品企业的主要客户关系分布在哪里；竞品企业有哪些重要的合作伙伴，如供应链公司等；竞品企业是否采用了渠道销售策略，有哪些渠道，分布在哪里。

　　然后针对这些信息进行商业化分析，参考第 1 章的商业模式，可以通过产品模式、客户模式、推广模式和盈利模式去分析。分析这些信息的目的是帮助产品团队了解其他企业在竞品上的投入、营收、市场状况，用于后续产品成本和盈利的估算。

　　如图 3-17 所示，竞品企业的具体产品信息也要从 5 个维度分析。

　　（1）战略层：包含产品定位、用户需求等。

　　（2）范围层：主要对比分析产品的主要功能，以及功能的差异化。

　　（3）结构层：主要是信息架构分析。

　　（4）框架层：主要是交互设计分析。

　　（5）表现层：主要分析视觉设计特色等。

图 3-17　竞品的 5 个分析维度

B 端产品的重点是给企业带来价值，功能实现和角色闭环是主要的，界面交互和设计是次要的。

前面提到了 B 端产品不是特别好找，因为大部分 B 端产品都需要付费开通，可以通过以下 3 种方式熟悉产品。

（1）通过 Demo 试用产品。很多产品为了帮助销售人员成单会提供 Demo 版本，可以借助 Demo 版本体验一下。

（2）借产品。如果有关系比较好的公司用了竞品，可以尝试借一个账号体验一下。

（3）有的产品官网会提供用户手册和介绍视频，可以下载查看。

竞品分析完成后，一般都会完成一份竞品分析文档，并形成有效结论。要具体分析该竞品的哪些因素是成功最关键的因素，相对于其他竞品的差异在哪，有什么壁垒，客户为什么会埋单，同时整理出竞品企业在商业模式和产品上可以借鉴的地方，提炼出待跟进的预研项，最终回归到自身产品定位上，看看还有没有机会切入市场，并提出与之竞争的方法。

3.3 熟悉业务流程

了解完行业，还需要从实际业务层面熟悉流程。

3.3.1 B 端调研的对象

B 端和 C 端调研的对象还是有很大区别的。企业服务产品的使用并不是由个人决定的，而是由用户企业的决策链决定的。

简单的决策链包括决策者（老板或高管）、需求方（业务部门）、使用者（员工），而复杂一些的决策链，还要考虑到采购、财务等因素，如图 3-18 所示。

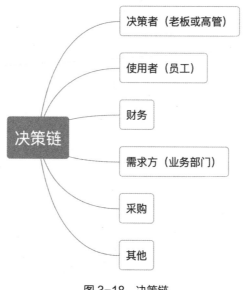

图 3-18　决策链

以"完美工事"这款 HRM 软件（功能如图 3-19 所示）为例，用户决策流程如下。

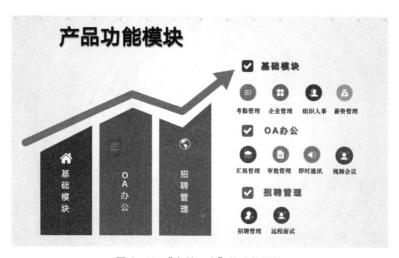

图 3-19　"完美工事"的功能模块

老板让 HR 部门看看有哪些可以用的 HRM 软件，HR 部门的负责人经过一番调研后，跟老板汇报了几种主流的 HRM 软件，经过沟通洽谈，最终选择了"完美工事"。

也存在需求方推动决策者的情况。例如,HR 部门体验了"完美工事",觉得工作效率能提高不少,反馈给决策者,最终决策者拍板决定使用该软件。

To B 业务类型的运营重心都在于服务。购买产品后,客户成功团队就需要开始与企业用户的 HR 部门进行对接,沟通最频繁的还是 HR 部门的员工。

如果产品体验好,员工的工作效率就会提高;如果产品体验不好,员工就会开始抱怨,认为没有体现什么产品价值,反而会浪费时间、精力和其他资源。员工的使用情况会逐层反馈到老板那里,如果老板收到很多负面的反馈,从正常的运营逻辑来说是很难复购了。

所以,做 To B 端的用户调研,重点调研的是决策者、需求方和使用者 3 个层级,如图 3-20 所示。这三类人群的侧重点是不同的。

图 3-20　To B 端用户调研人群

决策者比较看重产品能够为企业带来的实际价值,关注的重点是两个方面——多赚钱和少花钱。从这两个方面去做调研,可以了解决策者现在面临的主要问题有哪些,需要解决的关键环节在哪里。与同类产品对比,决策者更关注产品功能是不是更多、价格是不是更低、品牌是不是更好,而不是界面是不是更好看。

在小企业中,需求方和决策者可能是同一个人;在大企业中,可能会有专门的采购部门来扮演这个角色,更多的还是需求部门的主管来充当这个角色，调研时要关注产品的使用场景、希望带来的价值、现在存在的问题等方面。相对于决策者，需求方可能更关注是否能提升本部门员工的 KPI 和话语权，而不是是否降低成本。需求方是 B 端产品在线上推广时的主要目标用户人群。

使用者有时往往是"被需求方管理"的那一批人，这类角色使用的功能和其他角色使用的功能形成闭环，例如，HR 使用"完美工事"管理考勤，就需要使用者使用软件打卡。对使用者的调研一般作为对决策者和需求方调研的补充。使用者的需求其实和 C 端用户的需求很类似，关注的是能不能解决问题、使用是不是流畅、界面是否好看。

3.3.2　业务流程调研方法

做调研时一般会选择标杆企业进行用户调研，以标杆企业的需求为核心。标杆企业的需求有代表性，相对容易抽离；标杆企业的声音有影响力，后期能够引领其他客户。

例如，笔者做产品时首先选择本公司进行调研，因为集团规模足够大，需求足够明确，相比调研外部公司，没有跨公司的壁垒，要简单一些。

确认调研对象之后，根据不同的因素（时间因素、地点因素等）需要用合理的调研方法。

调研方法一般分为 3 种：轮岗、深度访谈和问卷调查。

从成本和效果对比来看，轮岗 > 深度访谈 > 问卷调查。

1. 轮岗

轮岗适用于本公司的业务。轮岗无疑是有助于理解业务的，但时间周期太长，成本太高。轮岗还需要经过双方团队领导及人事部门的同意，操作起来比较困难。

轮岗不是每个人都能胜任的，轮岗人员需要逻辑能力比较强、沟通能力好、执行力强、有责任心和团队意识。

轮岗是临时性地代入业务角色，参与到实际的业务操作中。对于 C 端产品而言，其实通过用户观察就能取得相同的效果。但对于 B 端产品，因为和用户的认知差异比较明显，而且又不能影响其作业，所以只能更进一步地化身为用户本身了。

这样做的目的是更好地了解业务工作的现状，洞察当中的痛点。只有深入业务作业中才能了解清楚。轮岗前最好补充一些专业知识，例如，笔者团队在做数据中心方向的数字孪生产品时，对轮岗人员的要求就是必须提前读完《云计算数据中心规划与设计》一书。

2. 深度访谈

深度访谈是与调研对象进行面对面的交谈，在访谈中可以快速地提出问题，碰撞出结论。

在深度访谈前需要做好一些准备工作，例如，制作访谈大纲。提前制作访谈大纲可以让调研者在调研中把控方向，调研对象也可以更好地适应访谈节奏。

设计访谈问题是访谈大纲中必不可少的部分，问题数量可以根据预计深入访谈时长进行设置，问题不宜太多。访谈问题的深度应由浅入深，需要有确定性回答的问题可以放在最后。

访谈开始时整体介绍一下调研目的与背景，使调研对象能很快进入状态，然后按照事先准备好的提纲进行访谈。访谈过程中，访谈对象的回答可能会发散到其他主题，这时尽量不要生硬打断访谈对象的侃侃而谈，在时间允许的情况下要尽量去倾听，因为也许在这一次侃侃而谈中就会发现新需求或痛点。

在访谈中，不懂的问题尽量面对面地问清楚，虚心请教，以防事后又去询问。调研中产品经理不要给出肯定答案，因为目前只是调研阶段，没有到需求深度分析与产品方案设计阶段，所以不要大包大揽地给出解决方案。

有时对接人是职级比较低的专员或主管，其自身对业务的理解广度和深度都有限，难免会抓不到重点，对需求的理解也不透彻。这样会导致沟通效率低下，无法做到有的放矢和形成最优解。如果时间允许，建议调研者提前阅读一些专业书籍，这样可以更有体系地建立起对业务广度和深度的认知，相当于学习了业务的语言，具备了业务的视角，不仅沟通的效率更高了，而且对需求的合理性的判别能力也更强了，调研者也可以站在业务人员的立场，与其无障碍地沟通。例如，当了解了 HR 职能三支柱模型（COE、SSC、HRBP）后，调研者和人力同事沟通需求时，效率就会有明显的提高。这就好比懂技术的产品经理和开发人员沟通时，摩擦就比不懂技术的产品经理少很多，因为懂技术的产品经理和开发人员具备相似的专业知识，更能理解开发人员的思维方式。

3. 问卷调查

问卷调查适用于低成本地调研批量用户。问卷调查的成本较低，潜在问题也比较多。

（1）问卷题目过于泛泛，不能切中要理。

（2）问卷题目设计有基本技术错误，如有偏向性、选项不完备等。

（3）问卷不能反映实际人群的想法，不具有代表性。

（4）问卷没有逻辑，只局限于描述情况，不能解决问题。

设计问卷时要制定一个方向，可阅读相关的行业研究报告或靠谱的问卷研究，找到相关的数据，做些数据分析，这样非常有利于问卷设计和发放，避免走错方向，也能提供新思路。

对于用户的问卷一定要厘清目标，还要圈定一个问题范围，即想了解哪些方面、要解决什么问题。只有在目标明确的前提下，才可能设计出有针对性的问卷。在设计问卷之前，问卷作者需要认真地思考这份问卷是为了解决什么问题，是为了了解某个功能的用户使用习惯、知晓用户体验，还是为了调查用户的工作流程？问卷中的所有问题都应该围绕这个中心目标而展开，不要引入偏离主题的问题。

问卷要避免预设立场的引导性和倾向性，尽量用封闭性的问题，因为开放性问题的回答成本会显著高于封闭性问题。

4. 结论

业务流程调研方法有很多，无论采用何种调研方法，都要根据实际情况去设计步骤，并且要在调研前做好充分的准备。最终要生成有说服力的调研报告，而且要重点记录调研者有哪些假设通过调研后被推翻了。

3.3.3 理解业务运作流程

业务调研最终是为了理解业务的运作流程，运作流程的两个核心元素是角色和流程。

调研完成后要找到并梳理业务链下的所有角色，切勿遗漏角色。B 端产品业务需要注意业务的闭环，即使忽略了业务链上不重要的角色，也会导致业务无法形成闭环。例如，做校招系统就要考虑 HR 和应聘学生端角色功能能否形成闭环，如图 3-21 所示。

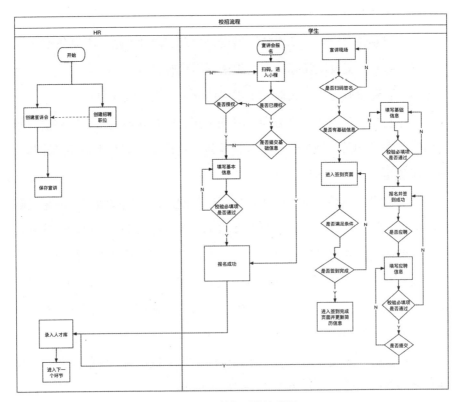

图 3-21 校招系统流程图

图 3-21 所示是校招系统流程图，HR 可以创建宣讲会和招聘职位，学生可以通过小程序宣讲会报名和提交简历，最终简历反馈给 HR，HR 可以进行下一步操作（这一部分图中省略了），整个流程要保证整个业务的闭环。校招系统示例如图 3-22 所示。

图 3-22　校招系统示例

通过观察和调研可以梳理出核心业务的工作流程。对 B 端业务来说，观察比直接开放式调研更有效，可以深入业务需求方的工作场景，观察他们平时的工作方式。如果有机会，最好能直接上手体验业务需求方的工作，有条件轮岗是最好的。

调研和梳理核心工作的流程也要多思考，抓住客户痛点，例如，校招的主要痛点有以下两点。

（1）HR 需要在有限的时间内筛选出比较多的简历。

（2）宣讲会的时间、地点变更不能及时通知给学生。

3.4 可行性分析报告案例

通过对业务的深入理解，可以输出可行性分析报告，下面以"农民工线上管理解决方案可行性分析报告"为例进行介绍。

一、项目背景

国务院就农民工就业及权益维护问题先后多次做出重要批示，要求各地区、各有关部门要深化体制机制改革，着力稳定和扩大农民工就业，切实维护劳动保障权益，要着眼于实现到 2020 年农民工工资基本无拖欠的目标，摸清欠薪底数，突出工程建设重点领域，加大执法力度，维护社会稳定。

面对目前国内农民工就业、管理、保障中遇到的困难，在信息化时代的背景下，大力推广并支持线上就业、管理及保障，能在一定程度上有效推动就业、减轻管理负担并保障农民工的权益。

二、目标概况

1. 农民工总量继续增加，增速回落明显

2018 年农民工总量为 28836 万人，比上年增加 184 万人，增长 0.6%。农民工增量比上年减少 297 万人，总量增速明显比上年回落 1.1%。在农民工总量中，在乡内就地就近就业的本地农民工 11570 万人，比上年增加 103 万人，增长 0.9%；到乡外就业的外出农民工 17266 万人，比上年增加 81 万人，增长 0.5%。在外出农民工中，进城农民工 13506 万人，比上年减少 204 万人，下降 1.5%。

在外出农民工中，到省外就业的农民工 7594 万人，比上年减少 81 万人，下降 1.1%；在省内就业的农民工 9672 万人，比上年增加 162 万人，增长 1.7%。省内就业农民工占外出农民工的 56%，所占比重比上年提高 0.7%。

2. 50 岁以上农民工占比逐年提高

农民工平均年龄为 40.2 岁，比上年提高 0.5 岁。从农民工的年龄结构来看，40 岁及以下农民工所占比重为 52.1%，比上年下降 0.3%；50 岁以上农民工所占比重为 22.4%，比上年提高 1.1%，且近五年呈逐年提高趋

势。从农民工的就业地来看，本地农民工平均年龄为 44.9 岁，其中 40 岁及以下所占比重为 35.0%，50 岁以上所占比重为 33.2%，比上年提高 0.5%；外出农民工平均年龄为 35.2 岁，其中 40 岁及以下所占比重为 69.9%，50 岁以上所占比重为 11.1%，比上年提高 1.9%。

3. 新生代农民工中超半数为"80"后

1980 年及以后出生的新生代农民工占全国农民工总量的 51.5%，比上年提高 1.0%；老一代农民工占全国农民工总量的 48.5%。在新生代农民工中，"80"后占 50.4%，"90"后占 43.2%，"00"后占 6.4%。

4. 大专及以上文化程度农民工占比继续提高

在全部农民工中，未上过学的占 1.2%，小学文化程度的占 15.5%，初中文化程度的占 55.8%，高中文化程度的占 16.6%，大专及以上文化程度的占 10.9%。大专及以上文化程度农民工所占比重比上年提高 0.6%。在外出农民工中，大专及以上文化程度的占 13.8%，比上年提高 0.3%；在本地农民工中，大专及以上文化程度的占 8.1%，比上年提高 0.7%。

5. 在第三产业就业的农民工比重过半

从事第三产业的农民工比重为 50.5%，比上年提高 2.5%。一是从事传统服务业的农民工继续增加。从事住宿和餐饮业的农民工比重为 6.7%，比上年提高 0.5%；从事居民服务、修理和其他服务业的农民工比重为 12.2%，比上年提高 0.9%。二是脱贫攻坚开发了大量公益岗位，在公共管理、社会保障和社会组织行业中就业的农民工比重为 3.5%，比上年提高 0.8%。从事第二产业的农民工比重为 49.1%，比上年下降 2.4%。其中，从事制造业的农民工比重为 27.9%，比上年下降 2.0%；从事建筑业的农民工比重为 18.6%，比上年下降 0.3%。

小结

农民工总量持续增加，外出农民工增速回落，50 岁以上农民工所占比重持续增高，新生代农民工中"80"后占比过半，大专及以上文化程度农民工占比继续提高，在第三产业就业的农民工比重过半，而制造业和建筑业依旧为占比较大的行业。

三、需求痛点

1. 农民工的工资长期偏低而且拖欠现象相当普遍

长期以来，有些地区的农民工工资几乎就没有变过，即使有增加，幅度也很小，赶不上物价的涨幅。近年来，尽管各地清欠农民工工资的力度不断加大，但拖欠事件依然屡有发生。据有关部门统计，目前全国农民工工资拖欠款达到 1000 亿元，其中建筑企业拖欠工资的比例为 72.2%，仅有 6% 的农民工能按月领取工资。部分地区和行业出现"民工荒"的直接原因，就是企业开出的薪酬过低。

2. 农民工工作条件差，技术培训少，职业病和工伤事故多，缺乏社会保障

农民工在城市所从事的大多为脏、累、苦、差的职业，工作环境堪忧。据统计，我国农民工群体中没有接受过技术培训的占 76.4%，再加上劳动时间长、安全条件差，导致农民工伤病较多。目前农民工养老、失业、医疗、工伤、女职工生育保险的参保率，分别为 33.7%、10.3%、21.6%、31.8% 和 5.5%；而农民工的企业补充保险、职工互助合作保险、商业保险的参保率更低，分别为 2.9%、3.1% 和 5.6%。农民工一旦出事，很难得到应有的补偿，生活往往陷入困境。

3. 农民工的子女上学、生活居住、文化需求等方面存在诸多困难

长期以来，农民工子女在城市入学的问题一直未得到很好的解决。城市公办中小学一般不接受农民工子女上学，而一些适合普通农民工子女上学、收费低廉的民办简易学校，在一些地方却得不到承认，有的被强行关闭。农民工由于收入微薄，所以居住条件比较差，通常是多人挤在一间小小的出租屋里，卫生、安全等方面均存在隐患。由于长期远离家乡，业余生活贫乏，缺乏认同感和归属感，他们的精神文化需求远远得不到满足。

4. 大多数农民工文化程度不高，缺乏系统的就业培训

农民工的维权意识、自我保护意识也亟待提高，在自己合法权益受到侵害时，还不懂得通过合法手段来保护自己。

四、市场概况

目前市场上关于民工的线上服务主要分为网站平台类服务和应用平台类服务两种。

1. 网站平台类服务

（1）民工家园网。民工家园网是由多家媒体的资深记者、各地多家律师执业机构的律师，以及劳动保障、工会维权部等相关人员自愿加盟的一家专业公益服务综合类网站平台。坚持"关注民工生活，共建城乡和谐社会理念，主动与企业进行劳务协作，积极与工会组织、人力资源和社会保障局、各驻地商会通力协作，为民工、企业搭建'互惠双赢'的桥梁纽带"。旨在"打造全国民工公益性服务第一平台"。

（2）职多多。职多多是按效果付费的蓝领招聘及服务分包平台，也是国内首家专注蓝领就业服务的互联网公司，自2013年开始搭建全面就业服务网络平台。截至2019年9月，职多多拥有线下就业服务门店超过1100家，覆盖全国30个省级行政区，259个地级行政区，与超过8000家大中型制造业企业合作。

职多多向上游招聘方（工厂蓝领人力资源服务商和服务业企业）提供职多多招聘系统，招聘方可以通过系统完成信息的发布、状态的更新、账单的核对等蓝领招聘全流程操作。通过使用职多多招聘系统，招聘方可以提升招聘效率和管理效率。

职多多向下游送人方（线下实体招聘门店和线上劳务经纪人）提供职多多经纪人系统，送人方可以通过系统完成招聘信息的推广、工人信息的录入、状态的管理和账单的核对等全流程业务。职多多经纪人系统可以帮助送人方进行日常管理。

职多多通过向招聘方和送人方提供简单的产品、靠谱的服务和交易的担保，降低蓝领招聘环节的交易风险，提高交易效率。

2. 应用平台类服务

（1）工友帮。工友帮是由陕西快邦网络科技有限公司开发与运营的一款移动应用,产品颠覆了产业工人各类需求信息通过定点人为蹲守,全靠等的低效传递模式,打造全方位线上共享服务平台,致力于为产业工人、用工单位及工程建设领域周边行业从业者,在信息交互、岗位直聘、建筑材料租售、二手货品交易、技能培训等方面提供更高效、便捷、实用的创新服务,充分保障各方权益,促进产业健康、有序发展。截至 2018 年,工友帮累计服务用户超过 100 万人,实现日均撮合各类供需信息达 1 万人次以上。

【产品特点】

①找工作:工人快速找活,多样用工信息任你挑。

②招工人:企业高效招工,海量优质工人任你选。

③记工:实时记录工作状态,告别工资结算纠纷。

④查工价:一键查询用工价格,实时了解用工行情。

⑤材料租售:省钱、放心的工程类产品信息平台。

⑥二手市场:不用东奔西走,这里应有尽有。

⑦工友圈:广交友,拓人脉,工作、生活乐分享。

⑧技能培训:看视频、学技能,提升本领赚大钱。

(2)吉工家。吉工家是建筑工地招工找活、免费记工记账、去施工及开工帮忙的一站式移动服务平台,为千万建筑工友、班组长 / 工头提供一个工地找活、建筑工地招工、工地免费记工、全国工友圈的移动互联网综合服务,特色功能包含附近招工、记加班、找工人、工地考勤、记工时、记工天、记工本、记工表、记账,满足工友真实工地记工记账找活管理需求,帮助建筑工友去施工及开工帮忙,让建筑办公更高效、更智能、更便捷。

【产品特色】

附近招工、找工人、工地招工找活、工地免费记工记账、工地员工考勤、工地记加班、建筑工地管理、开工帮、去施工。

【服务人群】

小工、力工、建筑工、瓦工、水电工、电焊工、安装工、装修工、架子工、钢筋工、杂工、抹灰工、施工员、资料员等多样工种的建筑工友。

小结

市场大致分为综合类和行业划分两大类，但两类产品均以招聘为引流项，切中农民工找工作难、劳务市场找人难的痛点。当招聘方产生用人需求后，主要有两种服务方式，一种是线上记工（也支持一定的定制服务），另一种则是专注为大型劳务中介提供定制化研发服务。

五、产品定位设想

为用工单位和求职工人提供招聘→培训→管理的一站式服务。

招聘：为民工、用工单位提供更智能的匹配，让民工找活更靠谱、用工单位招人更高效。

培训：为用工单位提供更高效的管理培训，为农民工提供基础就业培训和技能培训。

管理：协助用工单位记录工人考勤及工作状态，帮助管理者核算薪资，规范管理制度。

六、可行性分析

1. 法律可行性

软件服务类产品，自主研发不存在侵权或抄袭等违法情况，故可行。

2. 政策可行性

无国家政策限制，也无地方政府（或其他机构）的限制。但由于涉及劳务管理，因此需要实时关注地方政策变化。

3. 技术可行性

目前开发人员技术较为成熟，预测技术风险较低。

4. 资源可行性

（1）人力资源。所需人员类型为产品、设计、研发（前后端）、测试、运维、运营。因目前部门中之前迭代的产品与新规划的产品交集较少，所以工作量几乎等同于重新设计、开发新的产品线，故而在当前阶段人力存在较大风险。

（2）时间资源。在人员充足的情况下，预计项目调研、设计、开发、测试及市场推广需要6个月以上的时间。

（3）推广资源。由于产品处于双边市场，因此在冷启动时很难去判断什么样的解决方案能最好地照顾到两边的关系，这是一种动态平衡，需要不断地去试错、去验证，而试错需要成本。因为双边市场的产品不像单边市场的产品，例如，工具性质的产品，扔到市场中，只要专注找到种子用户，然后验证需求、复制服务、扩大规模即可，双边市场的冷启动难度和费用可能是工具性质产品的两倍甚至更多。

5. 使用及推广可行性

（1）用户认知的教育难度大。民工普遍受教育程度不是很高，而从上面的调研结果可以看出，大部分民工年龄偏大，由于该群体的特殊性，信息化接受程度较低，因此在用户认知的教育上会有比较大的难度。

（2）管理者在选择上存在一定的阻碍。如图 3-23 所示，线上管理产品虽然会给用工单位带来更便利、更透明的管理，但中国目前的实际情况却并非如此，一级一级的管理仍然存在一些灰色地带，虽然政府近些年为了解决此类问题一直大力推广并出台相关政策，但是推行难度极大，因此软件带来的"透明"管理将会是管理者选择线上管理的最大阻碍。

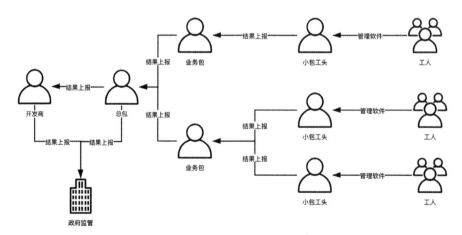

图 3-23　民工管理流程图示例

（3）行业的差异性导致管理需求差异极大。不仅各行各业的用工规范及管理制度存在较大差异，就算同一行业的管理制度也存在差异，因此一些具有一定经济条件和开发能力的用工单位会选择定制或自主研发管理系统。而小规模的用工单位更是会有自行制定管理制度的可能性，因此需求范围过大，成本也会相应提高。

6. 评估

评估结果记录在表 3-2 中。

表 3-2　评估结果

名称	权重	得分	评价	备注
法律可行性	10%	8	高	
政策可行性	20%	6	中	
技术可行性	20%	8	高	
资源可行性	20%	4	低	
使用及推广可行性	30%	3	低	
整体可行性	100%	5.3	低	

七、结论

根据该项目各类可行性分析，可以计算出该项目产品的可行性分数为5.3分。在人力资源和冷启动时期的市场推广方面、农民工管理方利益方面存在一定风险。

● 本章小结 ●

本章要点总结如下。

（1）做 B 端产品不仅需要满足核心业务，还要融合周边业务。

（2）C 端的决策周期很短，而 B 端的决策周期比较长。

（3）B 端产品包含业务垂直和行业垂直两类。

（4）可以通过 PEST 分析法来分析行业面临的外部影响因素。

（5）熟悉行业需要了解行业所处阶段和市场整体规模。

（6）要时刻关注服务行业的 B 端产品，找到自家产品的差异和竞争点，回到自身产品的定位上。

（7）做 To B 端的用户调研，重点调研的是决策者、需求方和使用者 3 个层级，业务调研最终是为了理解业务的运作流程。

（8）通过对业务的深入理解，可以输出可行性分析报告。

第4章

回归场景，挖掘价值

与 C 端产品不同的是，B 端产品有一个特点就是其专业性和复杂度较高。C 端产品可以用发散的方式创造场景，从而挖掘需求，而 B 端产品基本上是将"线下已有需求"系统化，所以需要"还原业务"，而非"创造业务"。B 端产品首先要考虑到产品使用场景，满足用户需求，然后才能实现价值。

4.1 场景是什么

场景是什么呢？它是人物、时间、地点/环境、欲望/目标、手段五要素所组成的特定关系。其实就是什么"人"在什么"时候"、什么"地方"，出于什么"目的"，做了什么"事"。

案例：小王是某公司的开发工程师，早上上班时，来到公司楼下，为了避免迟到，拿出手机打开考勤软件完成了打卡。

人物元素是小王，时间元素是早上上班，地点元素是公司楼下，欲望元素是为了避免迟到，手段元素是拿出手机打开考勤软件完成了打卡。

人物元素考虑使用该产品的用户是谁。例如，红米的老人机模式，为了照顾老人的浏览习惯，重置交互，字体图标变大；抖音根据用户的浏览数据推荐用户喜好的视频。

时间元素考虑用户使用产品的时间，如白天、夜晚、上班时、开车时等。例如，微信阅读的夜间模式就是为了更好地满足用户夜间看书的需求，如图4-1所示。

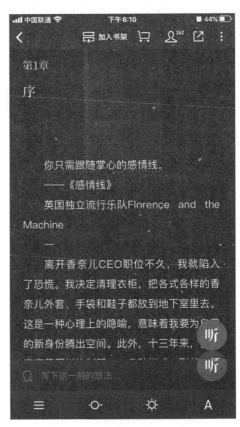

图4-1　微信阅读的夜间模式

地点元素考虑用户使用产品的地点，例如，是在家里还是在公司，是在地铁上还是在公交车上。以B端产品腾讯会议的"虚拟背景"功能为例，如图4-2所示，这个功能其实就是考虑到了产品的地点元素，因为与会人员很可能在家中，难免存在对隐私的担忧，背景虚化或更换背景可以非常有效地解决这个问题。

图 4-2 腾讯会议案例

欲望元素也就是用户的需求。例如，下雨天走出地铁站时，忘记带伞的人会有买伞的需求。需求分析一定要到位，不然产品方案就不靠谱，这也就是大家常说的伪需求。

手段元素其实就是产品需求。例如，下雨天没有带伞，可以买一把伞，也可以买一件雨衣，甚至把外套顶在头上，这些都属于手段，从产品的角度来说，手段就是产品需求。

4.2 为什么要回归场景

移动互联网刚兴起时，笔者给公司做移动端考勤打卡的 App，由于经验不足，收到比较多的负面反馈。最初设计的是过了零点后就执行下一天的打卡规则，这样开发起来也比较简单，按照日期创建唯一的考勤数据。开发产品投票表决，顺利通过并开发上线。但是并不符合实际场景，很多同事因为今天加班到凌晨后无法正常打下班卡，但是可以直接打卡下一天的考勤。

回归场景需要充分独立思考，一个产品组织内部，尽量不要让大家投票来决策。这是一个不完美、不靠谱的决策方式，通过投票来决策会陷入从众压力，大概率会出现一个平庸的决策，平庸的决策对于组织是有危害的。

产品经理和开发人员沟通时，还容易产生认知上的偏差，开发人员关注的是怎么做，产品经理关注的是为什么要这么做；开发人员追求技术的卓越，产品经理要把给用户带来的价值放在首位；开发人员看到的是具体实现方式，产品经理看到的是市场的风向。

产品设计的过程是先发散后收敛，因此在动手画原型、写文档之前，产品经理需要做大量的思考、调研，需要思考用户面临的实际情况到底是怎样的，即回归场景。产品经理想要完成一项任务，需要和多个部门、多个角色频繁地传递用户需求，因此需要使用一套易理解、贴近实际的沟通方式，而场景就是通行于不同角色之间解决产品问题的语言。当开发人员大脑里想象出来的场景画面与产品经理一样时，沟通问题自然迎刃而解。

做产品时一定要梳理并描述业务场景，判断场景中需求的价值。回归场景有助于对内思考和对外沟通。

C 端产品可以用发散的方式创造场景，从而挖掘需求，而 B 端产品基本上是将"线下已有需求"系统化，所以需要"还原业务"，而非"创造业务"，无法发散获取，只能还原场景，回归场景。

除了单一场景，B 端产品还需要考虑多场景的情况，B 端产品的业务链中，缺少任何一个必备场景都可能无法形成闭环，所以不能忽略低频场景。例如，做 OA 系统时，不能忽略审批人离职的情况，需要有方法能够把待办事项交接出去。

回归场景还有助于产品团队挖掘真实需求。例如，用户想要一匹特别快的马，实际的场景是他想快点赶路，那么给他提供一辆车也可以满足需求。

只有回归场景，才能找到业务中真正的问题，从而给出更高效的解决方案。

4.3　梳理场景对应的需求

B 端和 C 端不同，B 端产品经理通常不是产品的用户，无法依赖自己的经验，而且 B 端产品同时会有多个角色使用，并且相互影响和制约。梳理场景对应需求的最好方法是一开始就列一个清单记录场景需求。

4.3.1　根据场景梳理需求

《精益创业》一书中提到了一个工具方法叫作 MVP。做业务调研时，要根据调研结果找到关键流程，根据流程还原每个流程下的场景，抽离出最关键的类别 / 流程，以及其中不可或缺的场景，形成核心场景需求清单。需要通过核心场景需求清单来迭代验证 MVP。

举一个例子，笔者在做"完美工事"招聘模块时，就根据调研结果生成招聘的流程图，如图 4-3 所示（实际情况还要更复杂，书中简化展示），这一步应该尽可能详尽地梳理业务流程，因为 B 端软件研发成本是很高的，一旦发现存在问题，推倒重来的成本很高。

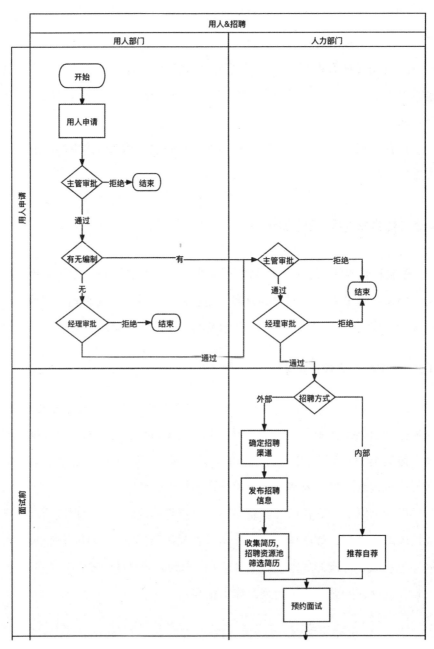

图 4-3 招聘流程图

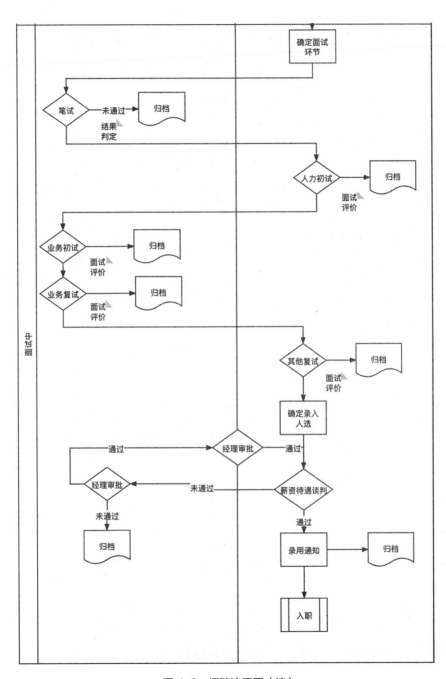

图4-3　招聘流程图（续）

然后将场景写出并归类到流程，每个流程下可以写多个有代表性的分支场景，如果有多个角色，也可以写出场景对应的角色，并拆解成需求。如表 4-1 所示，表中角色是按照部门划分的，实际还会更复杂。

表 4-1 场景转化需求

类别	场景	角色	需求
用人申请	部门扩招，在有编制的前提下希望 HR 配合招人	用人部门	提出用人申请
用人申请	部门在编制不足的情况下提出用人申请，需要多级领导审批	用人部门	无编制时提出用人申请
用人申请	收到部门用人申请，需要人力主管和招聘主管审批	人力部门	审核用人申请
招聘	人力可以选择内部推荐或外部招聘，外部招聘需要在相关的渠道发布招聘信息，和应聘者预约面试	人力部门	发起招聘
面试	用人部门提供笔试题给应聘者，笔试通过的进入下一个环节	用人部门	提供笔试题
面试	人力部门初试应聘者，需要填写面试评价，通过进入下一个环节	人力部门	人力初试
面试	用人部门对应聘者进行初试和复试，都需要给出面试评价	用人部门	业务初试和业务复试
面试	人力部门和应聘者沟通薪资待遇并同时和用人部门沟通确认，不顺利时需要反复和用人部门确认	人力/用人部门	薪资待遇谈判
面试	人力发送录用通知并等待应聘者入职	人力部门	发送录用通知

确定了核心场景需求清单，还要再检查一下清单中的场景是否有清晰的串联逻辑让业务闭环，有没有多余的场景，即去掉也不影响业务闭环的场景。如果存在问题，需要反复修改场景需求清单直到没有问题。

4.3.2　需求分级 KANO 模型

前文介绍过 B 端产品要按照"稳定性→打动决策者→提升收入→提升工作效率→易用→好看"的优先级迭代，为了更方便对需求分级，在梳理需求时还可以借助 KANO 模型。

KANO 模型（卡诺模型）是东京理工大学教授狩野纪昭发明的对用户需求进行分类和优先排序的工具，以分析用户需求对用户满意度的影响为基础，体现了产品性能和用户满意度之间的非线性关系。

在需求分级 KANO 模型中，将需求分为基本型需求、期望型需求、兴奋型需求、无差异型需求和反向型需求，如图 4-4 所示。

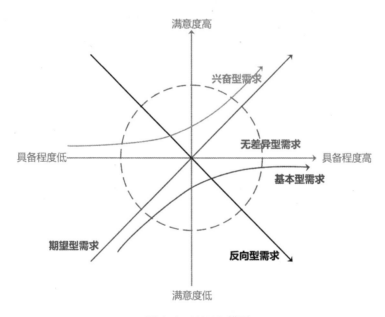

图 4-4　KANO 模型

1. 基本型需求

基本型需求也称为必备型需求，是客户购买某个产品、使用某个功能时最根本的需求。当不提供满足此需求的功能时，用户满意度大幅降低，导致客户投诉，续费率可能就直接为零。但优化此需求，用户满意度不会得到显著提升。例如，OA 软件的修改审批流程的功能就属于基本型需求。

2. 期望型需求

期望型需求是客户非常敏感的需求。当提供满足此需求的功能时，用户满意度会提升；当不提供满足此需求的功能时，用户满意度会降低。它是处于成长期的需求，是客户、竞争对手包括产品团队自身都关注的需求，也是体现竞争能力的需求。例如，前文提到的腾讯会议更换会议背景的功能就属于期望型需求。

3. 兴奋型需求

兴奋型需求也称为魅力型需求，是用户意想不到的需求，如果不提供满足此需求的功能，用户满意度不会降低，但当提供满足此需求的功能时，用户满意度会有很大提升。在产品成熟期，客户对产品已经非常熟悉，导致使用起来已经接近麻木，而这时如果出一个具有满足兴奋型需求的功能，则可以大大提高用户的活跃度，为用户创造更多乐趣。

4. 无差异型需求

无论是否提供满足此需求的功能，都对用户体验无影响。这是质量中既不好也不坏的方面，它们不会导致客户满意或不满意。例如，企业为客户提供的没有实用价值的赠品。

5. 反向型需求

有满足此需求的功能，用户满意度会大大降低；没有满足此需求的功能，用户满意度不变，这种结果一般情况下都是把这个功能误以为是基本型需求、期望型需求或兴奋型需求的一种了。例如，第 2 章介绍的 OA 软件中增加签到领积分的功能就属于反向型需求。

有些需求是因人而异、因文化差异而不同的，评判需求时可以多收集一些客户的意见。建立 KANO 模型的专业做法通常由 KANO 模型双向问卷的结果来判断，如表 4-2 所示。

表 4-2　KANO 模型问卷

问题	非常满意	比较满意	一般	能忍受	不满意
如果产品/服务有××模块/功能，您的评价是？					
如果产品/服务没有××模块/功能，您的评价是？					

根据收集整理的功能设计问卷调查表。在设计问卷时，把问卷尽量设计得清晰易懂，语言尽量简单具体，避免语意产生歧义，被调查者只需简单地勾选即可。此问卷的维度有两部分：提供功能的满意度和不提供功能的满意度。

最后整理问卷时把结果填到二维图表中，如图 4-5 所示。

要素		品质不充足				
		喜欢	必要的	没有关系	能忍受的	不喜欢
品质充足	喜欢	矛盾的（Q）	兴奋的（A）	兴奋的（A）	兴奋的（A）	期望的（O）
	必要的	反向的（R）	无差异的（I）	无差异的（I）	无差异的（I）	基本的（M）
	没有关系	反向的（R）	无差异的（I）	无差异的（I）	无差异的（I）	基本的（M）
	能忍受的	反向的（R）	无差异的（I）	无差异的（I）	无差异的（I）	基本的（M）
	不喜欢	反向的（R）	反向的（R）	反向的（R）	反向的（R）	矛盾的（Q）

图 4-5　问卷结果表

为了方便表示，表中的需求用字母表示，A 表示兴奋型需求，O 表示期望型需求，M 表示基本型需求，I 表示无差异型需求，R 表示反向型需求，Q 表示矛盾的结果（通常不会出现，除非问题本身有问题或用户理解错误）。

因为每个人的喜好不同，所以如果答问卷的人足够多就可以得到一个百分比，如图 4-6 所示，这样更便于判断需求的类型。

不具备\具备	客户信息管理：可以帮助您了解客户的购买行为信息，如不同类目下的购买历史					KANO属性：魅力因素	
	很喜欢	理所当然	无所谓	勉强接受	很不喜欢	兴奋	36.6%
很喜欢	9.4%	5.0%	11.5%	20.1%	28.8%	期望	28.8%
理所当然	0.7%	4.8%	2.9%	1.4%	2.9%	基本	2.9%
无所谓	0.0%	0.0%	5.4%	0.0%	0.0%	无差异	21.6%
勉强接受	0.0%	0.0%	5.7%	1.4%	0.0%	反向	0.7%
很不喜欢	0.0%	0.0%	0.0%	0.0%	0.0%	矛盾	9.4%

图 4-6　KANO 模型调查结果

　　2020 年的新冠肺炎疫情让腾讯会议受到了很多关注。下面逆向分析一下腾讯会议中的功能对应的场景、需求和需求类型，如表 4-3 所示。

表 4-3　腾讯会议中的功能对应的场景需求清单

功能	使用场景	对应的需求描述	需求类型
预订会议	企业线上会议，团队远程协作沟通	远程会议需求	基本型
快速会议	临时会议，时间紧	快速链接会议室	基本型
周期会议	定期固定例会，每次会议前都需要自动预定会议	定期会议，预定设置一次即可	期望型
共享屏幕	会议中屏幕显示的文件、PPT 等需要向与会人员展示	向与会人员共享自己的会议文件	基本型
会议录制	会议后需要对会议进行记录，用于复盘	会议记录，复盘会议	基本型
背景虚化和更换会议背景	与会人员所在场所一般位于家中，难免存在对隐私的担忧	更换会议背景	期望型
会议邀请	会议预订完成，通知与会人员	通知与会人员	基本型
表情	会议中活跃气氛，营造氛围	增加会议趣味性	兴奋型
导出会议名单	会后统计与会人员考勤	会议考勤	期望型
日历提醒	会前提醒与会人员参会时间	提醒参会	基本型
美颜	视频会议中仪容仪表大方美丽	会议中能美颜	兴奋型

在开发产品时，功能优先级的排序一般是：基本型需求 > 期望型需求 > 兴奋型需求，无差异型需求没有特殊情况尽量不做，反向型需求一定不要做。

首先要全力以赴地满足客户的基本型需求，保证客户提出的问题得到很好的解决。重视客户认为产品有义务做到的事情，尽量为客户提供方便，以满足顾客最基本的需求。

然后应尽力去满足客户的期望型需求，有助于形成产品差异化。提供客户喜爱的额外服务或产品功能，使产品和服务优于竞争对手并有所不同，引导客户加强对产品的良好印象，使客户满意。

最后争取实现客户的兴奋型需求，为企业建立最忠实的客户群。

需求也会随着时间变化，昨天的期望型需求甚至是兴奋型需求，到今天可能就变成了基本型需求。例如，表 4-3 中的最后一个兴奋型需求 —— 美颜功能，可能就是以后的基本型需求。

需要持续调研需求、持续迭代产品，保持与时俱进才能取得成绩，而不是照搬过去的、别人的方法或理论。

4.4　回归场景，专注利基领域

回归场景有助于产品功能的差异化，形成有特色的产品功能，提高产品的竞争力。

前文介绍了腾讯会议，如果公司具备视频会议的开发能力，计划做一款视频会议软件，产品团队要思考如何相较于腾讯会议做出一些差异化，这样才能提高市场竞争力。之前介绍过，差异化主要体现在 5 个方面 —— 功能、专有技术、设计、性能、客户服务。

回归场景有助于产品功能的差异化，当团队不具备与腾讯会议这种大公司开发的产品正面竞争的能力时，可以考虑从垂直领域切入，寻找利基市场，深入场景挖掘功能的差异化。

利基市场是在较大的细分市场中具有相似兴趣或需求的一小群客户所

占有的市场空间。大多数成功的创业型企业一开始并不在大市场开展业务，而是通过识别较大市场中新兴的或未被发现的利基市场而发展业务。大企业往往不会太关注利基市场，因为市场太小无法满足大企业的增长需求，例如，大企业营收 10 个亿，股东要求一年增长 10%，也就是 1 个亿，而利基市场总共可能都没有 1 个亿，满足不了大企业的胃口。这也是这个世界赋予每个人创新、创业的机会。当破局点来临时，利基市场可能也会变成大市场。例如，随着网速越来越快，传感器种类越来越多，远程办公的市场肯定会越来越大。

视频会议有没有细分领域呢？如果仔细思考肯定是能发现的，例如，新冠肺炎疫情期间几乎所有互联网公司招聘都是通过远程视频面试，视频面试这一单一的场景与通用的视频会议存在功能上的差异，可以算作细分领域的一类。如图 4-7 和图 4-8 所示，场景功能有如下差异。

（1）面试官可以随时查看应聘者的简历信息，应聘者也可以查看面试官的职位信息。

（2）面试官发起会议时可以填写应聘者信息，应聘者可以看到企业 LOGO 和企业欢迎语，让面试更有温度。

（3）支持应聘者在线答题、填写花名册等。

图 4-7　招聘场景示例

图 4-8　发起面试示例

以上是以远程面试这一垂直领域举例，其他领域需要大家去挖掘，寻找利基市场，打造利基产品。专业化是利基产品最本质的核心，要提高专业性就要回归场景、挖掘需求，专业化程度越高，附加值越高，通过提供匹配的专业产品或服务，能够建立起强大的壁垒，阻止新企业的进入，保证自身的持续性。

理想的利基市场一般具备一定的发展潜力，该市场内的客户需求并没有得到充分的满足。利基市场还应该具有一定的规模和购买力，能够盈利。

企业要具备所必需的能力和资源，以对这个市场提供优质的产品和服务，属于企业的利基市场不一定是企业当前最主要的业务，但是必须是具备优势的领域。

利基产品可以通过专业化经营而获取比大众市场更多的利润。由于网络广告定位的准确度提高及自媒体的涌现，利基市场的推广营销大有可为。当公司财力、人力不具备做一款"平台级"的产品的能力时，可以尝试做一款"小而美"的产品。

4.5　价值主张

B 端产品的需求来源于场景，产品经理通过满足客户需求从而产生价值。因此，B 端产品经理面对扑面而来的需求时，应当梳理场景，判断需求的真伪，更应当清晰理解并评判需求的价值。

2008 年，著名商业模式创新作家、商业顾问亚历山大·奥斯特瓦德提出了商业模式画布（BMC）的概念。如图 4-9 所示，从客户群体、客户关系、渠道通路、价值主张、关键业务、核心资源、合作伙伴、成本结构、收入来源这 9 个关键词描述了企业（产品）创造价值、传递价值、获取价值的基本原理，中间的模块是价值主张。B 端产品承载着产品厂商帮助企业或组织提升效率、降低成本、提高品牌价值的愿景，产品价值主张也要符合公司愿景。

价值主张是为特定客户群体提供差异化价值，也是客户选择一家公司而放弃另一家的原因，它解决了客户的问题或满足了客户的需求。每一个价值主张就是一个产品或（和）服务的组合，这一组合满足了特定客户的需求。

B 端产品应该尽可能满足每个客户的个性化需求，但不应该包含与价值主张完全不一致的需求。

合作伙伴	关键业务	价值主张	客户关系	客户群体
商业模式有效运作所需的供应商和合作伙伴网络	为了确保商业模式可行，必须要做的重要事情	为特定客户群体创造价值的产品和服务	企业与特定客户群体建立的关系形态	一个企业（产品）想要接触或服务的不同人群或组织
	我要做什么		**怎样和用户打交道**	
	核心资源		**渠道通路**	
	商业模式有效运转所必需的核心资产		如何与客户接触和沟通来传递自身的价值主张	
谁能帮我		**解决什么问题**		**解决谁的问题**
	我是谁，我有什么		**怎么让用户找到**	

成本结构	收入来源
运营商业模式所引发的所有成本	已经扣除成本的现金收入
我要付出什么	**我能得到什么**

图 4-9　商业模式画布

"谁家产品有一个什么样的功能，我们也做一个吧。"面对问题时，每个人都是解决问题的专家，人人都化身为产品经理，但凡一个与产品有关的人，都可能对产品指手画脚。而产品团队要判断这个功能是否符合价值主张，不符合价值主张的功能不做，屏蔽来自四面八方的声音。

举一个例子，钉钉的 DING 功能曾经引起诸多争议，那么这个功能所对应的需求，是否符合产品的价值主张呢？

下面先来看看钉钉中的 DING 是什么功能，如图 4-10 所示。

图 4-10　钉钉的 DING 功能

（1）可以简单理解为给指定用户发送一条信息。钉钉发出的 DING 消息将会以免费电话、免费短信或应用内消息的方式通知到对方，也就是说，无论对方的手机中有没有安装钉钉 App，或者有没有开启网络流量，都可以收到 DING 消息。

（2）除了可以发送文字信息，还可以发送语音信息，甚至还支持附件，附件可以是文件或照片。

（3）可以设置发送的时间。到了设置的时间，钉钉就会自动将信息发送出去，非常方便。

钉钉面向的用户是企业管理者，产品的价值主张是高效率与安全感，DING 功能满足了管理者对于高效率、安全感的需求，因此这个功能是符合价值主张的。

产品的价值主张是判断需求价值的第一原则，如果判断需求价值时经常找不到方向，也许应该开始思考产品的价值主张。

4.6 用户价值与商业价值

什么是商业模式？第 1 章已经介绍过了，商业模式不是赚钱模式，它至少包含 4 个方面的内容：产品模式、客户模式、推广模式，最后才是盈利模式，也就是怎么去赚钱。一句话，商业模式是团队能提供一个什么样的产品，给什么样的用户创造什么样的价值，在创造用户价值的过程中，用什么样的方法获得商业价值。

所以，用户价值和商业价值是有关系的，一个企业通过提供一定的产品和服务，满足了用户的需求，从而带来了用户价值，最终促成商业价值的产生。

B 端产品经理除了要关注用户价值，还要关注商业价值。B 端产品一般需要深入行业，投入比较大，没有商业价值，用户价值也很难持续。

B 端产品最常见的用户价值是效用价值，包括便利性、安全性、经济性等，也存在体验类价值，包括身份、社会关系等。

商业价值指的是在经济意义上，用户愿意付出成本作为某个产品利益的回报。如图4-11所示，如果产品功能能促进漏斗的每部分转换率提升，就可以认为具备商业价值，包括能否促进客户签约、是否影响客户续约、自身是否能够采集到更多的业务数据。

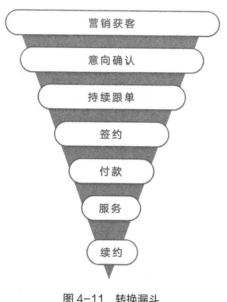

图4-11　转换漏斗

C端产品可能存在很多伪需求，可以将其进行过滤，然后对其余需求进行价值判断。大部分C端产品只需要极致地考虑用户价值，可以忽略商业价值。

B端产品的场景都是真实存在的，客户就是上帝，不存在伪需求，所以需要对大量需求进行判断。B端客户是要花钱买产品的，所以产品经理更需要考虑需求对自身的商业价值。

一些偏定制化的B端产品，也不要太轻易向客户妥协，要平衡好用户价值和商业价值，当实现需求的成本远远大于商业价值时，就需要慎重决策了。

判断需求是否实现也可以基于需求对应的价值进行判断。

既具备用户价值又具备商业价值的需求，只要符合价值主张都是要做的；只具备用户价值而不具备商业价值的需求，需要谨慎考虑；不具备用户价值，无论商业价值多大的需求也不做，例如，传销类的 App 就具备商业价值但是毫无用户价值，千万不要做。如图 4-12 所示。

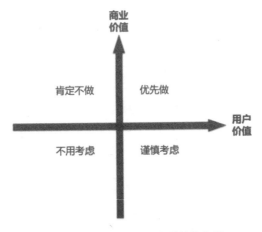

图 4-12　用户价值与商业价值的象限

举一个例子，笔者在做"完美工事"考勤管理功能模块时，接到一个客户需求：人事管理者想要了解并管理每位员工尤其是保安人员的排班、打卡时间。"完美工事"主要是借助智能手机定位进行打卡，但很多二、三线城市的保安连智能手机都不会用，按照人事的要求去设计的系统根本推不动。

产品的价值主张是让管理者高效地管理。

人事管理者这类角色的需求是全体员工包括保安必须打卡考勤，这样才能体现出公司有组织、有纪律。

保安角色的需求是不想打卡，因为不会用智能手机，不知道怎么打卡。

最终预期的效果可能是保安无法打卡或不懂得如何打卡而产生错误数据，无法实现人事管理者的诉求，导致产品不会进一步带来商业价值。

对于人事管理者来说，该需求具备用户价值，可以高效地管理员工考勤，同时人事是付费决策者，会影响续费，需求也具备商业价值。

　　保安的需求具备用户价值（不用打卡，便利性提高）但不具备商业价值，同时和决策人的需求有冲突。

　　当决策者与使用者的需求冲突时，要侧重决策者的诉求，尽量调和使用者的体验。

　　经过权衡后，最终的方案是遵从人事让全体员工打卡的需求（侧重决策者的诉求），加入硬件设备打卡机，如图 4-13 所示，打卡机记录保安打卡情况（调和使用者的体验）。最终人事总体比较满意，保安也不抗拒用这种方式打卡，方案确保了用户价值，同时商业价值也得到了保障。

图 4-13　人脸考勤机

　　再举一个例子，笔者在做"完美工事"考勤管理功能模块时，还有用户提出了一个需求：不让员工看到自己的打卡时间。团队纠结了一番还是实现了，做成了一个开关选项，如图 4-14 所示，打卡时间只显示标准的上下班时间和状态，不显示具体时间，效果如图 4-15 所示。

图 4-14　隐藏考勤时间开关

图 4-15　隐藏考勤时间效果

相比面向用户的 C 端产品，B 端产品决策的第一原则不是产品的好坏，而是规避责任、降低风险。为什么会有这种需求呢？

大家站在管理者的角度想象一下场景，考勤数据是很容易产生劳动纠纷的。例如，员工认为自己某一天加班了，有打卡时间为证，但管理者表示那一天并没有安排加班任务，属于员工故意蹭工时。这时就容易产生纠纷，管理者需要规避这种风险。

传统考勤机打卡，员工也是无法查阅之前的考勤时间的。如果员工使用 App 能看到自己之前的考勤时间，管理者就很可能放弃 App 打卡，而选择传统考勤机。相比市面上的移动打卡产品，这个功能也算是差异化的一方面，确实吸引来了很多用户。

产品团队之所以会纠结，就是思考满足了管理者的需求后，如何调和使用者的体验。考勤打卡本身就是不受员工喜欢的，大部分人都不喜欢被约束，这一点作为一个偏工具的产品确实很难改变，工具本身没有好坏，主要是看使用的人。产品同时上线了人员关怀等设置,尽量让工具有温度,如图 4-16 所示。

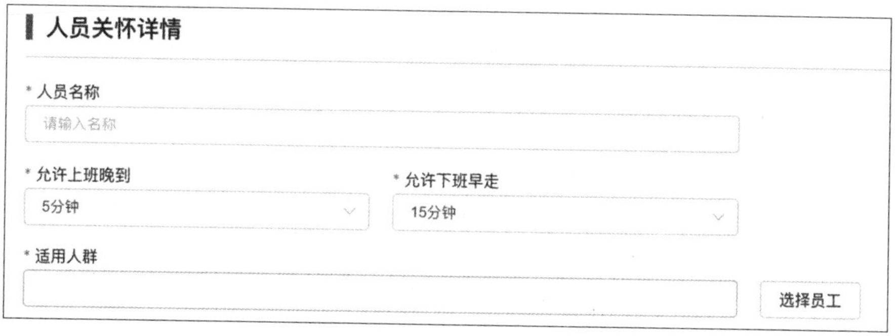

图 4-16 人员关怀详情

综上所述,B 端产品更应该遵循价值主张,注重需求对应的用户价值和商业价值,让产品或服务少走弯路。

• 本章小结 •

本章要点总结如下。

(1)场景包含人物、时间、地点/环境、欲望/目标、手段五要素。

(2)回归场景有助于对内思考和对外沟通。

(3)B 端产品基本上是将"线下已有需求"系统化,所以需要"还原业务",而非"创造业务"。回归场景更有助于挖掘真实需求。

(4)B 端产品同时会有多个角色使用,并且相互影响和制约。梳理场景对应需求的最好方法是一开始就列一个清单记录场景需求。

(5)梳理场景需求清单首先要梳理业务流程,然后将场景写出并归类到流程,需要注意三点——业务闭环、场景间有清晰的串联逻辑、不包含多余的场景。

(6)为了更方便对需求分级,在梳理需求时还可以借助 KANO 模型。在需求分级 KANO 模型中,将需求分为基本型需求、期望型需求、兴奋型需求、无差异型需求和反向型需求。

(7)回归场景有助于产品功能的差异化,当团队不具备与腾讯会议这种大公司开发的产品正面竞争的能力时，可以考虑从垂直领域切入，寻找利基市场，深入场景挖掘功能的差异化。

（8）价值主张是为特定客户群体提供差异化价值，产品的价值主张是判断需求价值的第一原则。

（9）B 端产品应该尽可能满足每个客户的个性化需求，但不应该包含与价值主张完全不一致的需求。

（10）B 端产品经理除了要关注用户价值，还要关注商业价值。

（11）当决策者与使用者的需求冲突时，要侧重决策者的诉求，尽量调和使用者的体验。

第 *5* 章

梳理符合业务的架构

设计功能前应先厘清产品的业务架构，产品的业务架构决定了产品方向、产品边界及产品路径，如果缺乏框架性思考，单点设计功能、反复堆砌功能会让产品经理精疲力尽。没有架构会导致产品功能混乱、易用性大大降低，也会造成开发成本过高、团队内斗严重。相比 C 端产品，B 端产品有非常强的业务属性，更需要以框架视角进行全局思考。

5.1 了解业务架构

业务架构是一套将功能依据业务进行分类，整合形成的抽象化的业务模型。例如，常用的 C 端产品微信，它抽象出来的架构主要包含四部分——微信（消息）、通讯录、发现、我，然后再对每部分进行展开。相比 C 端产品，B 端业务架构更加复杂，如图 5-1 所示，数据中心动环监控系统包括工程组态、工程配置、资产管理、容量管理、能效管理、系统管理等几大部分，每部分展开又包含很多子项，例如，资产管理模块中包含资产概览、资产总览、管理活动、资产盘点、备件管理、维保信息。业务架构可以帮助产品经理厘清每个业务模块 / 功能间的边界，以及它们之间的关系，也可以在架构图上标明优先级顺序完成对应的功能。

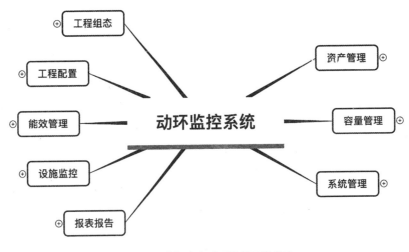

图 5-1 数据中心动环监控系统架构

首先梳理架构，可以理解为找到业务模块的边界，面对多个类似的需求时就可以基于场景迅速定位对应的模块；然后再设计功能，解决用户的需求。架构有助于梳理一套标准化业务模型，搭建框架，方便让后端标准化、前端个性化，最终高效满足用户的不同需求。

5.1.1　B 端产品的 4 个阶段

B 端产品涉及企业经营活动的方方面面，有的产品帮助企业把资源卖出去，例如，电商的商家平台；有的产品帮助企业把人和事梳理清晰，例如，管理人的 HRM、管理事的 OA 系统等。不同类型的产品架构思路是有区别的，一般围绕核心管理的对象去梳理架构，例如，HRM 产品的业务架构主要按照管理人的功能进行梳理、拆分、合并。

要用发展的眼光看待架构，B 端产品完成上线后，从大的层面分为以下 4 个阶段。业务架构也会随着产品的成长而成长。

1. 基础产品完善阶段

这个阶段需要满足核心场景的需求，要不断增加功能、稳定系统、完善服务。

这个阶段考虑的是如何做出有较高的 PMF（产品与市场匹配）的产品，PMF 数值有时并没有标准，但至少每个月要有销售额及稳定的用户。PE（私募股权）投资时比较看重的一些指标可以作为参考，参考公式如下。

公式 1：CAC < 12 × MRR。

式中，CAC 为获客成本；MRR 为月度订阅营业额。公式的意思就是获客成本在 12 个月内收回。

2. 产品深入阶段

这个阶段已经有了功能和服务对象都比较明显的产品，要多思考如何将产品卖给更多的客户，需要满足重点行业的个性化需求，要有更深度的行业解决方案、更多的客户成功案例、更完善的客户服务体系。

目前 B 端企业的获客成本较高，用户留存率也不断下滑，维持一个较稳定的留存率至关重要。这个阶段需要关注获客渠道，思考如何找到更多有强烈需求的目标用户，让其短时间内感受到产品价值。这个阶段也有以下几个公式。

公式 2：5 > LTV/CAC > 3。

式中，LTV 为客户终身价值。公式的意思就是客户终身价值一般略高于 3 倍的获客成本，低于 3 表示获客成本太高，太高则表示营销能力不足。

公式 3 : CCR < 5%。

式中，CCR 为客户流失率。公式的意思就是付费客户的流失率低于 5%，如果流失率太高则表示产品竞争力不足。

3. 生态建设阶段

这个阶段要满足大多数的个性化需求，要有个性化定制，通过开放平台和开放的服务生态增加用户黏性，深化服务能力，提升口碑和影响力。

4. 再创新阶段

让产品迈向更高阶段，探索新的卖点，挖掘用户痛点，寻找市场空白点。

5.1.2　CAC 的计算方式

前面提到 CAC，假设产品上个月的指标如下。

（1）付费渠道获取的新客户数 : 200。

（2）自然增长的新客户数 : 400。

（3）新客户总数 : 600。

（4）仅销售人员薪酬和市场开支 : 120000 元。

（5）总开支 : 240000 元。

下面来看一下 CAC 如何计算。

CAC 有几种不同的计算方式，根据不同的场景可以选择更合理的计算方式。

1. 指标 4/ 指标 3

如果不好区分哪些客户来自付费渠道，哪些客户来自自然增长，也就是前面的指标 1 和指标 2 不太好区分，可以用这种方法来计算 CAC：仅销售人员薪酬和市场开支除以新客户总数，也就是 120000/600=200。这样计算的结果是最低的 CAC，实际的 CAC 可能更高，但还不能确定如何量化它。

2. 指标 5/ 指标 3

如果团队不擅长衡量哪些费用与销售额有关，也就是上面的指标 4 不清楚，可以把上个月所有开销都算进去，然后除以新客户总数，即用指标 5 除以指标 3，也就是 240000/600=400。

使用这种方法通常会认为所有支出与销售直接相关，包括开发工程师的工资等。

3. 指标 4/ 指标 1

如果产品有大量的自然客户，那么将所有新客户都纳入 CAC 的计算中将导致非常低的 CAC，这时可以用仅销售人员薪酬和市场开支除以付费渠道获取的新客户数，也就是 120000/200=600。

4. 指标 5/ 指标 1

还有一种计算方式就是用总开支除以付费渠道获取的新客户数，也就是 240000/200=1200。这样计算的结果是最高的 CAC，有点感觉像是对获客模型做压力测试。

可以看到，方式 1 的 CAC 是最低的，方式 4 的 CAC 是最高的，一般是根据业务的不同而选择最合适的一个。

5.2 梳理业务架构

下面重点来看如何梳理业务架构及注意事项。

5.2.1 梳理业务架构的步骤

梳理产品的业务架构，首先需要了解业务场景，把需求翻译成产品功能，每一个功能需明确解决一个具体的业务问题。如何将需求翻译为功能，极其考验对于业务的理解，可以参考第 4 章介绍的内容。然后将功能进行分类整合。分类整合需要先考虑符合通用模块的功能，切忌重复造轮子，功能对应的复杂程度越高、业务越重要，越值得被拿出来单独做一个模块。

最后梳理模块之间的逻辑关系，根据用户价值、商业价值和未来的规划看看是否可以调整、合并。真实的项目无论多复杂、多庞大，都要养成框架性思考的好习惯。

架构的表现形式有很多，笔者比较喜欢用思维导图表示，借助 XMind 思维导图工具可以标识每个模块的完成进度，添加优先级标签，更方便产品经理跟进业务模块，面对新的需求时也方便进行框架性思考。

如图 5-2 所示，这是笔者团队做的"完美工事"这款 HRM 产品的业务架构。"完美工事"最早是卓朗科技内部使用的一款办公工具，团队从一开始就制定了产品的业务架构，随着产品的迭代逐步完善。下面具体来看看"完美工事"的发展历程。

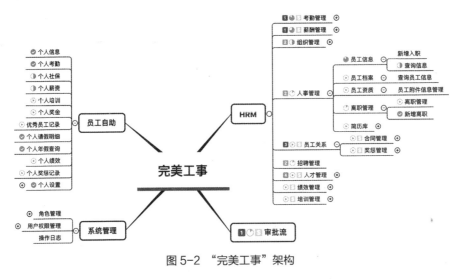

图 5-2 "完美工事"架构

最开始卓朗科技的员工很少，人力每天最头疼的是如何招聘到合适的人才，并且对员工信息进行初步管理。人力每天花时间在各种渠道发布招聘需求，在招到人之后需要记录员工的信息到员工档案并分配到对应的部门和岗位，这样就能基本符合企业的管理诉求了。员工管理模块的主要业务如表 5-1 所示。

表 5-1　员工管理模块的主要业务

业务	业务描述
招聘管理	发布招聘信息、筛选简历、反馈面试结果等
组织管理	组织架构管理，即创建、删除、修改部门及子部门信息
职位管理	公司各个职位、岗位、职级的设置
员工档案	员工基础信息的维护管理

随着公司员工不断增多，考勤管理成了难题，人力开始研究考勤制度，并制定了一些考勤规则。最初是用指纹考勤机管理，后来因为智能手机的普及产生了移动打卡的需求，人力也需要从系统上便捷地导出考勤报表，或者把考勤信息发送给员工本人确认，经思考分析，考勤管理模块的主要业务如表 5-2 所示。

表 5-2　考勤管理模块的主要业务

业务	业务描述
考勤规则设置	设置上下班打卡规则
考勤执行	员工执行上下班打卡、请假等
考勤统计	查看考勤数据并可以导出报表
考勤回执	把考勤信息发送给员工本人确认

公司在持续发展壮大，员工越来越多，一名薪酬专员很难根据考勤信息按时完成薪资的计算，也出现过算错工资的情况，迫切希望有一套系统能解决计算薪资的问题。经分析，薪酬管理模块的主要业务如表 5-3 所示。

表 5-3　薪酬管理模块的主要业务

业务	业务描述
薪酬参数设置	薪酬管理员设置员工薪酬基数、工资参数、个税参数等
计算规则设置	设置薪资计算规则，包括出勤方案、社保方案、公积金方案、加班方案等
薪酬计算并查询	根据设置的规则自动计算薪资并可以查询、校验、修改

业务	业务描述
工资条	支持给员工一键发送工资条
企业成本分析	可以根据薪酬发放历史数据来分析企业成本变化

员工管理模块基于考勤制度与薪酬制度产生活动数据，并最终通过工资反馈。这也是 HRM 软件的重要组成部分。

通过上述业务可以梳理对应的功能，先按照通用架构梳理，如表 5-4 所示。

表 5-4　通用架构梳理

模块	子模块	功能描述
员工管理	招聘管理	发布需求、管理渠道、筛选简历
	组织管理	创建、删除、修改部门及子部门信息
	职位管理	职位、岗位、职级的设置
	员工档案	员工基础信息的维护管理
考勤管理	考勤规则设置	管理员设置员工考勤规则
	考勤执行	员工上下班打卡、请假及审批
	考勤统计	查看考勤数据并可以导出报表
	考勤回执	员工确认考勤信息
薪酬管理	薪酬参数设置	设置员工薪酬基数、工资参数、个税参数等
	计算规则设置	设置薪资计算规则，包括出勤方案、社保方案、公积金方案、加班方案等
	薪酬计算并查询	根据设置的规则自动计算薪资并可以查询、校验、修改
	工资条	支持给员工一键发送工资条
	企业成本分析	可以根据薪酬发放历史数据来分析企业成本变化

经过几个阶段的发展，"完美工事"已经可以满足公司内部使用，开始逐步对外推广，这时就需要分析每个模块的用户价值和商业价值了。

经过分析，考勤管理模块可以帮助 HR 解决考勤管理难的问题，用户价值比较高，但是考勤管理的替代方案比较多，如考勤机，所以该模块的商业价值不算高。

招聘业务相对复杂，涵盖对接招聘渠道、找人、选人、面试、入职的完整招聘周期的管理服务，商业价值比较高，可以解决招聘渠道多、管理难，简历量大、筛选困难，招聘工作人效低的痛点。最终把招聘管理单独抽离出来变成了一个独立的业务模块。

员工档案模块适用于管理比较规范的大公司，结合入转离等人事流程，可以包装成商业价值比较高的人事管理模块，所以也从员工管理中提取出来变成了一个独立的业务模块。

薪酬管理模块相对比较独立、完整，保持现状也具备商业价值。

产品最终采用免费增值的商业模式，借助考勤口碑传播有效地获得大量用户，向规模比较大的公司提供增值的附加服务——薪酬管理、招聘管理、人事管理。调整后的业务架构如表 5-5 所示。

表 5-5　调整后的业务架构

模块	子模块	功能
员工管理	组织管理	创建、删除、修改部门及子部门信息
	职位管理	职位、岗位、职级的设置
考勤管理	考勤规则设置	管理员设置员工考勤规则
	考勤执行	员工上下班打卡、请假及审批
	考勤统计	查看考勤数据并可以导出报表
	考勤回执	员工确认考勤信息
薪酬管理	薪酬参数设置	设置员工薪酬基数、工资参数、个税参数等
	计算规则设置	设置薪资计算规则，包括出勤方案、社保方案、公积金方案、加班方案等
	薪酬计算并查询	根据设置的规则自动计算薪资并可以查询、校验、修改
	工资条	支持给员工一键发送工资条
	企业成本分析	可以根据薪酬发放历史数据来分析企业成本变化
招聘管理	—	涵盖对接招聘渠道、找人、选人、面试、入职的完整招聘周期的管理服务
人事管理	员工档案	员工基础信息的维护管理
	人事关系	办理员工入转离等人事流程

尽量合并同类项，降低架构的复杂度。产品是不断成长的，无论是大的功能还是小的逻辑分支，都会随着产品的发展不断生长出新的分支，这样不断地裂变，会导致产品复杂度不断上升。所以，在需求控制、产品设计、逻辑实现上需要尽量抽象、合并同类项、减少分支，这是在产品落地层面最重要的技巧。

5.2.2　梳理业务架构的注意事项

前文介绍了一个产品最终是由各种各样的功能组成的，业务架构则是将这些不同的功能围绕目标进行分类、整合。

B 端业务比较复杂，产品的业务架构囊括的功能非常多。如果没有统一梳理架构，产品很容易变得臃肿不堪，最后很难维护及扩展，用户也很难使用。

好的产品架构即使包含了很多功能，也可以保证绝大部分用户获得一种简单、流畅、清晰的体验；不好的产品架构则可能会让用户很难上手，冗余感比较强。

设计产品和建造建筑比较像，楼的高度就好比产品的复杂度。但是建筑物在建造之前都会有很精确的设计图纸，而作为软件产品来说，很多时候是没有精确的图纸的。随着移动互联网的发展，很多团队都倾向于敏捷开发，会频繁地交付新的软件版本，这对产品经理的架构能力的要求非常高。

敏捷开发是一种从 20 世纪 90 年代开始逐渐引起广泛关注的新型软件开发方法，是一种应对快速变化的需求的软件开发能力。相对于"非敏捷"，敏捷开发更强调程序员团队与业务专家之间的紧密协作、面对面的沟通（比书面的文档更有效）、频繁交付新的软件版本。敏捷开发能够很好地适应需求变化的代码编写和团队组织方法，也更注重软件开发中人的作用。

我们普遍认为会编程的产品经理比不会编程的产品经理对架构更有洞

见，因为程序员和产品经理这两种角色在职业起步阶段接触的工作内容是不同的，优秀的程序员会追求优雅的代码，而优雅的代码往往体现了程序员在架构设计上的深思熟虑。所以，当优秀的程序员转型成为产品经理后，会对架构更有洞见。

做好架构可以让产品在长期错综复杂的发展过程中保持简洁性。做架构时需要注意以下两点。

1. 结合公司战略，明确产品的最终形态

产品团队很难一开始就知道产品的最终形态。从零做产品的人都知道，好多系统不是一开始就规划出来的，而是根据业务的发展逐渐演化而成。但是产品的发展是基于公司的战略及愿景，如果无法明确产品的最终形态，可以先明确公司的战略及愿景，然后基于公司服务的人群，以及提供的服务，大致确定产品的最终形态。

虽然有时一开始很难规划完整的系统，但这不代表可以不去规划。可以根据公司的战略提前规划一些，如哪些功能需要做、哪些功能不需要做、哪些功能未来要做、哪些功能和第三方合作去做等。

架构的目标是满足需求高效简单和产品设计过程高效简单，架构不是完美存在的结果，而是一个不断改进优化的过程。但是在每个节点上，都有好坏和多少之分，这也是架构能力的体现。

2. 规划好每条产品线，避免混乱

产品的业务架构需要考虑的是与产品相关的各种影响因素，包括用户需求、产品战略、商业需求、开发资源、市场运营人员等。这些因素都是在不断变化的，一个合理的架构是要争取尽可能采用最简单的方式去应对这些变化。

产品的使用者一般有多个角色，使用的场景也不尽相同，很多时候产品团队都会有面向客户的移动端、Web 端，也会有公司内部的运营端，每条产品线的定位需要想得非常清楚，尽量避免交叉。一个完整的产品线如图 5-3 所示，包括中台的基础层、满足运营角色的运营端、满足客户的用户端等。

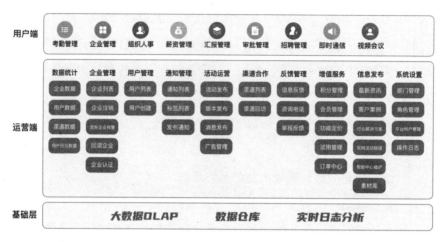

图 5-3　产品线示例

设计产品功能时也不要局限于某一个模块，要思考与其他角色、其他产品线是否有冲突和冗余。这是思考产品架构的基础，即不单独思考产品系统的功能，而是在整体系统层面上思考。这同时也是一个很重要的系统思维，即产品功能之间是有关系的，而非独立存在的，如果只是一些没有关系的功能组成的东西，是不能把它称为系统的。

5.3　如何能让 B 端产品易用

产品的业务架构的对象就是产品的商业及用户需求，而架构就是为了简单、高效。

5.3.1　易用的重要性

"简单"这个词显然和 B 端软件是有冲突的，因为 B 端软件的角色多，流程烦琐，功能复杂。由于 B 端软件很复杂，因此帮忙配置及使用某些国外 ERP 等系统的顾问都是稀缺人才，待遇很高。客户要想学习如何使用，需要系统地接受培训、翻阅用户手册，过程极其复杂且痛苦。

B 端软件功能一般都是由高内聚的模块堆积出来的，每个模块单独收费。企业进行软件竞标时，很多都是将几个软件的功能清单进行对比，导致 B 端产品供应商为了中标而不断在自己的产品中增加功能，模块越来越多，系统越来越复杂，易用性越来越差，越来越多的功能实际无人使用。如果是 SaaS 类云服务软件，只要有一个客户买过产品的功能，哪怕不怎么使用，这个功能也不能轻易下线，一旦下线了就涉及合同违约，从而导致这个几乎无人使用的功能就会一直堆积在系统中。

要进行产品的调整极其困难，因为涉及老客户的升级兼容及数据迁移的问题，无疑增加了很多成本。这也是 B 端软件很难"小步快跑"的原因。了解技术的人都知道，产品前期的底层架构、数据库设计一定要非常合理，否则后期要改动及调整是很难的，客户开通的功能越多越不可能。所以，也能看到国内外的很多软件除变得越来越复杂、越来越难用外，没有太大的改变。

增加一个功能相对简单，删除一些功能却很难，但有大局观的人总能创造性地解决问题。因为他们能跳出来，不受现有条件的局限，每一次都多想一点。著名经济学家弗兰克·奈特在《风险、不确定性与利润》一书中提出，员工对不确定世界的预判能力差别很大，企业家的超额利润都来自识别任用判断力更优的员工。B 端产品更依赖优秀的人才，因为一旦走错路了，调整的成本是非常高的。

孙子兵法曰："夫未战而庙算胜者，得算多也；未战而庙算不胜者，得算少也。多算胜，少算不胜，而况于无算乎！"

直译过来就是：未战之前就能预料取胜的，是因为筹划周密，条件充分；未开战而估计取胜把握小，是具备取胜的条件少。条件充分的取胜就大，准备不充分的就会失败。何况一点条件也不具备的呢！B 端产品也要多思考一些，尽量防止一些无法预料的情况发生。

做 B 端产品的人一定要具备成本思维，产品难用不但会影响用户体验，还会增加企业成本。

（1）功能复杂，上线实施周期长，增加了实施成本。

（2）上线后的培训周期长，增加了产品供应商的人力成本，还浪费了客户的时间。

（3）客户使用期间需要持续依赖公司的客服等，浪费了大量工时，增加了很多人力成本。

（4）产品供应商需要大量的时间和精力来培养实施顾问及客服。

更糟糕的是，客户使用起来很痛苦，效率低，一旦向上反馈影响到了决策人，就很可能放弃续费或再次购买，进而影响产品收入。

5.3.2 完善产品首页

随着移动互联网的发展，易用的 C 端产品也影响了 B 端产品的设计，用户体验也越来越被重视，那么如何让复杂的 B 端产品做到极致易用呢？

前文提到过，B 端软件功能一般都是由高内聚的模块堆积出来的，每个模块单独收费，业务架构大部分也是按照相应的模块去划分。清晰地划分业务模块会降低学习成本。

前文在讲梳理业务架构时也提到过，业务模块一般要根据管理的对象来进行模块的区分，按照这个原则来区分大的模块，例如，人事管理的对象有人事信息、休假、考勤、薪资、福利、培训、绩效、招聘。ERP 系统的业务模块包含客户、商品、订单、库存等。如果每个模块像一个孤岛，用户每次进来都在各个孤岛之间切换使用，那么势必会影响使用体验，降低易用性。

为了解决上面的问题，产品需要用一个首页来连接每一个模块，如图 5-4 所示，以保证用户大多数的日常需求通过首页的操作就可以完成，不用在各个孤岛之间切换，这样给用户的感觉就是产品非常简单。

图 5-4　首页连接每个模块

产品需要尽量让用户少思考，最好让用户进入首页不需要思考就知道以下内容。

（1）有哪些事情需要用户现在马上处理。

（2）有哪些发生的事情和用户相关。

（3）有哪些事情需要用户关注及跟进。

（4）有哪些关键的数据指标需要用户关注。

再加上可以快速使用高频的检索和常用的功能快捷入口，用户的日常基本需求就都能满足了。带着这几点思考来看看首页如何去设计。

首页中一般需要包含以下几部分。

（1）待办事项：提醒哪些事情需要马上去处理，例如，一些流程节点上面的事件，典型的就是审批流程。如果多个模块都需要处理待办事项，可以分开处理。如图 5-5 所示，主面板包含了人事待办和审批待办。

图 5-5 "完美工事"工作首页

（2）事项提醒：提醒哪些事情需要近期完成或关注跟进，主要是一些时间驱动的事件或业务提醒等，尽量提升用户工作效率。如图 5-5 中延期事项的提醒。

（3）重要数据统计：这是工作中经常需要关注的，图 5-5 中有人事数据的概况，这也是 HRM 软件的核心数据。

（4）消息通知：提醒哪些和用户自己相关的事情发生，图 5-5 中右上角有红点消息提醒。

（5）全局检索和常用功能：可以看到，图 5-5 中主面板右侧就包括了全局检索和常用功能的快捷入口。

（6）用户基本资料及账号密码管理等：单击图 5-5 中右上角的个人头像就可以进行相关的操作。

经过这样的设计，用户的日常基本需求就都满足了，实现了进到系统首页时，系统告诉用户要做哪些事情，有哪些内容需要关注。只有很少的偶发情况，才需要去左侧菜单中找到功能来操作。

5.3.3　合理使用移动端

随着移动端的普及，还可以把首页一些重要的提醒事项放到移动端。例如，审批流有待处理的通知可以发送微信公众号的提醒，微信公众号可以直接发送小程序消息，如图 5-6 所示，用户点击直接打开小程序去处理，如图 5-7 所示。

图 5-6　"完美工事"公众号提醒

图 5-7　小程序处理审批

5.3.4　采用去中心化设计

功能设计还可以尽量采用去中心化的分布式，所谓中心化的设计，就是将系统的使用控制在少数人手上，原来很多系统的设计都是中心化的设计。例如，很多工作必须由核心业务部门来处理，这样导致的结果是核心业务部门的人输入、输出工作特别繁重。举一个例子，HRM 系统中的人员档案信息如果都是人力去录入，工作量太大，可以设计成邀请员工自己录入，人力可以审查修改。如图 5-8 所示，单击"批量邀请完善档案"按钮，可以将权限下放到员工，员工可以在手机或网页端去完善相关的信息。

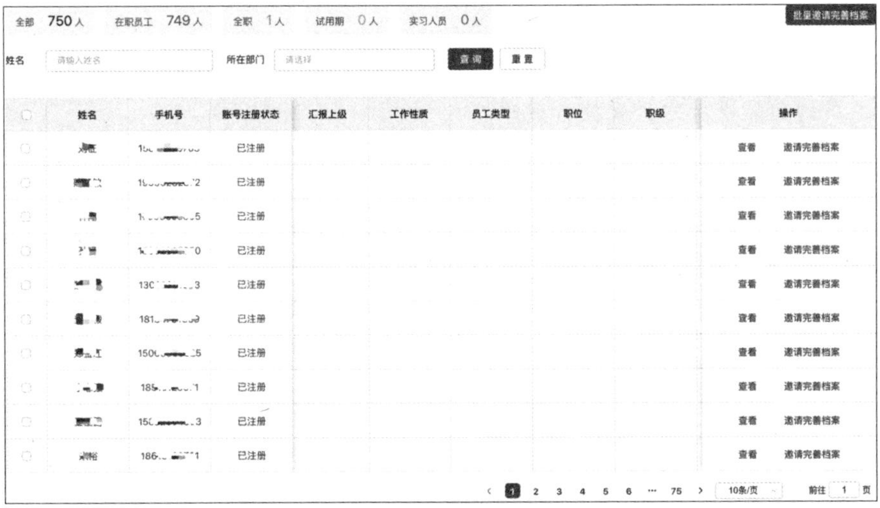

图 5-8　邀请完善档案示例

普通大众对软件的掌握程度已经比较强了，尤其是移动端，已经完全有条件采用这种去中心化的分布式的功能设计方式，从而大大提升效率，以及降低核心业务部门对复杂系统的掌握要求。

一个好的极致易用的产品会让客户开心，容易形成口碑，提升品牌价值，品牌势能足够大就会低成本地产生更多的销售订单。随着易用性的提升会大大缩短实施及培训周期，从而降低了成本。

—————— • **本章小结** • ——————

本章要点总结如下。

（1）架构有助于梳理一套标准化业务模型，搭建框架，方便让后端标准化、前端个性化，最终高效满足用户的不同需求。

（2）要用发展的眼光看待架构。

（3）梳理架构是把场景需求清单拆解成功能，然后把功能进行分类整合。

（4）通过首页满足用户的大部分需求可以增加产品的易用性，降低成本。

（5）可以将一些提醒信息放在移动端，同时采用去中心化的分布式的功能设计方式来提升效率。

第6章

如何对待个性化需求

第 5 章介绍了 B 端产品大致分为 4 个阶段 —— 基础产品完善阶段、产品深入阶段、生态建设阶段、再创新阶段。

B 端产品必然会有个性化需求,尤其是在第二阶段和第三阶段。

个性化需求就是对于大部分用户而言非通用的需求,属于偏定制化的需求。面对个性化需求时,切记不要抱着抗拒的心理,如果抱着抗拒的心理,很多时候无论对方说什么,产品经理都会认为这是不合理的,很容易被这种心态遮蔽了眼睛。其实很多个性化需求对于提出的业务方而言,都是有真实需要的,产品经理需要用心地去分析需求,尽可能找出个性化需求的核心点,将个性化需求变成共性需求,从而帮助用户解决问题。

6.1　评估个性化需求是否实现

评估一些 B 端软件时，最直接的就是通过 ROI 去评估，通俗来说，就是完成需求直接带来的利润率越高越应该优先做。这样的做法特别适合传统的 B 端软件，因为传统 B 端软件大部分都是一锤子买卖，个性化需求带来的收入如果不能覆盖成本，大概率是不会做的。

而 SaaS 类的 B 端产品很难通过单一客户的收入覆盖个性化开发的成本，不太适合用 ROI 评估，可以通过下面 4 个维度进行评估。

（1）深度：判断个性化需求对于目标用户群体而言是否为痛点，而且要看这个痛点到底有多痛。

（2）广度：主要是看覆盖面，除了看深度，还要看功能做出来了可以帮助多少用户解决问题。

（3）战略意义：有些个性化需求的深度和广度都不是很好，但是对于公司战略和品牌会有帮助，这种就需要去做。

（4）技术评估：除以上三点外，还需要考虑一下技术层面，现有技术是否可以实现，实现难度是否非常高。

核心宗旨就是需求是否能提升产品卖点、解决用户痛点，是否属于市场空白点。在产品初期，把拳头产品打造得足够好，远远好过对次要功能进行扩展。

下面举例说明。

案例一，之前笔者做了一款申请审批类的产品给客户使用，主要包含几个固定的审批流程，客户提出了要能够随时调整审批流程和表单模板。产品团队考虑到不同行业、不同客户的审批流程肯定是不同的，随着使用的客户越来越多，这种需求必然成为一个共性需求。虽然这个需求的实现成本相对比较高，但最终还是实现了。如图 6-1 所示，表单控件和审批流程都改成了可配置项。

图6-1　表单控件和审批流程都可配置

案例二，产品团队在做考勤类 SaaS 产品时收到学校用户的一个个性化需求，学校教职工使用 App 进行上下班打卡，希望只记录教职工的出勤，不显示迟到和早退。

这个需求是相对个性化的，产品团队也曾咨询其他用户，考虑到场景通用性不是很高，并且缺少此功能不会影响成员日常推广营销，教育行业的用户也并不是产品的主要用户群体，所以最后没有实现此需求。

对于个性化需求实现的先后顺序，可以通过对深度、广度、战略意义、技术评估进行综合打分，根据分值高低得出，如图6-2所示。

个性化需求	深度	广度	战略意义	技术评估	总分
需求一: ×××	5	8	9	5	27
需求二: ×××	5	7	3	4	19

图6-2　深度、广度、战略意义、技术评估的打分示例

6.2　B 端产品需要保证一定的灵活度

B 端产品需要保证一定的灵活度，用来支持不同公司的不同需求。

灵活度主要指的是产品支持角色、界面、权限、功能模块等方面的自由配置。配置包括以下两大类。

（1）由产品供应商配置：从系统层面进行配置，适用于业务流程与现有方案差别大的场景。

（2）由客户自己配置：从功能层面进行配置，适用于业务流程与现有方案差别小的场景。

在进行产品设计时，要规划好什么样的配置功能是开放给客户的，什么样的配置功能是供应商自己用的，原则上为了避免客户的复杂度，尽量开放最小范围的配置功能给客户。

一般来说，产品供应商对于客户功能的配置主要如下。

（1）不同客户的功能模块不同。基于不同的收费方式，有些功能需要额外收费，可以根据不同的客户购买情况灵活配置，产品模块要尽可能地高内聚、低耦合。如图 6-3 所示，B 端产品一般支持按模块开通，可以控制人数上限和有效期。

图 6-3　按模块开通

（2）不同客户对于同一个功能看到的内容和使用体验不同。这个配置可能包含界面布局、字段是否显示、页面风格、导入/导出的模板等。为了节省实施的工作量，可以考虑设置一个或多个基库版本，实施在基库的基础上进行简单调整就可以。B 端产品的一个核心指标就是低成本交付，将实施的工作量降到最小，最佳的方式是不需要实施。通过工具升级实现人才降级，没有标准切记不要复制推广。

基于公司的产品配置一般都是供应商公司来实施配置，还有一部分功能是开放给客户进行配置的，一般都是客户数据级别的内容，具体如下。

（1）角色和角色权限。这部分业务如果能将角色标准化就尽量标准化，如果不能，就需要允许进行配置。如图 6-4 所示，项目管理软件"禅道"就可以设置不同角色和角色权限。

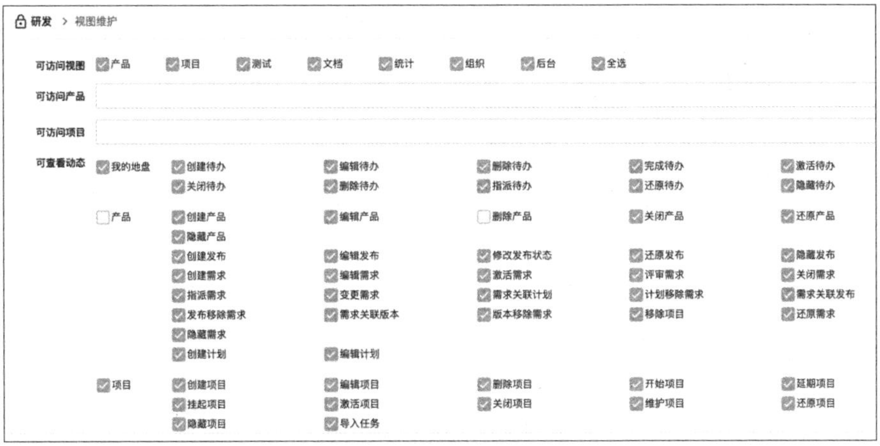

图 6-4 角色权限的配置

（2）用户对应角色和用户的数据权限。企业中的用户是不固定的，软件的管理员是可以转让、变更的，如图 6-5 所示。

图 6-5 企业超管转让示例

（3）一些与客户业务相关的数据字典。这部分的配置一般由实施人员在上线时帮助客户预置，以后如果有调整，可以由客户自行配置或寻求产品供应商支持。例如，"完美工事"产品审批模块的数据字典可以通过系统预置，也可以通过接口灵活配置，如图 6-6 所示。

图 6-6　数据字典灵活配置

个性化配置要把握灵活度。笔者经常会问一些从业者，产品的客户是谁。如果产品的客户范围很大，那么产品很可能很平庸。

如果产品非常灵活，一切都可以个性化配置，就会大大牺牲易用性，开发成本也会呈指数级增长。当产品非常灵活，可以兼容不同的客户时，意味着产品功能很难做到贴身，极大的配置灵活度牺牲了所有用户的易用友好度。这就是一些针对垂直行业、特定用户群体比较窄的产品有市场空间的原因，因为它可以做得非常贴身。通用型的产品也很容易被巨头用免费产品挤出市场。

灵活性过高会让开发成本直线上升，做过开发的人都明白，不灵活的程序虽然比较难维护，但是开发起来是最简单的，为了保持灵活性就必须付出几倍的开发成本和测试成本。把握产品的灵活程度是 B 端产品设计的最高技巧之一，只有综合业务发展、产品发展、技术实现及扩展、团队情况等多个因素，才能找到相对的最佳路径。

B 端产品个性化需求一定是存在的，最终的目标是实现标准化和低成本交付，产品经理需要掌握好方向和把握好灵活度。

6.3 aPaaS 介绍

aPaaS（应用程序平台即服务）是 PaaS 的一种子形式，在 aPaaS 模式下，非专业的开发人员可以通过无代码或低代码的形式直接在云端完成应用程序的搭建、部署、使用、更新和管理。aPaaS 是解决个性化需求的一种技术策略，可以通过将业务或应用模块抽象和沉淀为通用能力，并以相对标准化的形式输出，支持产品厂商（主要是 SaaS 类的 B 端产品）、企业客户和第三方开发者以较低成本进行二次开发。

产品厂商需要扩充更多产品线和功能，以覆盖更广泛的业务场景，涉及大量的产品开发工作。另外，中大型客户往往会给企业带来更可观的营收，但是标准化的产品有时满足不了中大型客户的需求，如果产品厂商需要针对每个大客户进行大量定制化开发，就很容易最终沦为项目公司，发展 aPaaS 平台有利于改善这一点。

下面举一个 Salesforce 的案例。

Salesforce 创办于 1999 年，是最早开展 SaaS 服务的美国企业之一，也是备受好评的 CRM 系统，2020 年市值突破 2000 亿美元，目前而言，Salesforce 是非常成功的 SaaS 服务商。

Salesforce 在二十余年间走过的发展之路值得国内同行进行细致的梳理和回顾，许多国内的 SaaS 厂商都可以学习 Salesforce 的理念。图 6-7 所示是 Salesforce 官网。

图 6-7　Salesforce 官网

2001 年，Salesforce 推出第一款 CRM 方向的 SaaS 产品。

2004 年，Salesforce 上市，当时的市值为 10 亿美元左右，但也面临所有 SaaS 公司都会面临的问题，即标准化的产品不够贴身，满足不了大多数公司的需求，定制化需求占用太多开发资源也会影响产品迭代效率。

2008 年，Salesforce 最早推出了可以在统一架构上部署应用的 aPaaS 系统，提供软件开发的基础工具（包括数据对象、权限、界面组件等）给用户，提供部署运行的环境，开发者通过低代码短时间内就能完成应用的开发、测试、上线，并能够随时调整或更新，如图 6-8 所示。

有了 aPaaS 系统，Salesforce 只需要提供标准化产品和模块，建立一个生态给企业用户提供各种个性化服务，大量定制化的工作可以由独立软件开发商或企业用户自己去完成，从而使其真正具有了服务于大公司的能力。

Salesforce 通过升维思考实现了对 SaaS 厂商的降维打击，捍卫了自己的行业地位。

图 6-8 aPaaS 平台示例

aPaaS 平台的产生既帮助厂商解决了企业个性化需求带来的研发成本上升和效率下降的问题，又为企业用户提供了自主迭代产品的开发空间。但是 aPaaS 平台需要投入巨大的开发成本，Salesforce 这种大公司也是花了几年时间才打磨完成。不是所有厂商都具备做 aPaaS 系统的能力，既需要 SaaS 厂商有一定的业务和技术沉淀，也需要行业内客户存在共性需求，才能提炼出核心模型构建 aPaaS 系统。

这几年，国内好多厂商也在学习 Salesforce 的 aPaaS 平台，虽然推出了一些，但是或多或少都有缺点。一旦开始做 aPaaS，财力、人力的投入都非常高，做 aPaaS 平台盈利的企业也比较少。

B 端产品厂商可以参考 aPaaS 平台系统，提供一些基础的部分。aPaaS 平台的搭建可以分为以下 4 个步骤。

（1）开放一些 API 和可配置的字段，保证产品的灵活性。

（2）提供一些标准的组件和 API，让 B 端产品厂商内部的开发人员开发模块，按需展示给有需求的企业用户。

（3）在第（2）步的基础上，提供更标准、更规范的组件和 API，能让客户或集成商去开发，这一步其实就是搭建 PaaS 平台了。

（4）提供低代码开发工具给不具备专业开发能力的客户，Salesforce 做到了这一步。

B 端产品厂商能做到前两步其实就可以较低的成本解决企业的定制化需求，笔者团队开发的"完美工事"产品做到了第（2）步，产品提供了微应用模块，如图 6-9 所示。可以根据大客户需求，低成本地量身定做相关的微应用，如果有其他客户有相关的需求，也可以复用微应用，由运营系统控制显示，如图 6-10 所示。

图 6-9　微应用示例

序列号	应用名称	应用ID	描述	可见范围
1	学习打卡	34	对企业内成员集体学习或自学进行监督管理。	指定企业可见

图 6-10　发布编辑模块

虽然还是需要占用团队自己的开发资源，但是可以非常低成本地解决用户定制化需求。

笔者团队也做了第（3）步的工作，把"完美工事"即时通信的技术沉淀了下来，开发了"卓朗通讯云"产品，提供了标准的 API 和页面组件，可以让集成商低成本接入即时通信服务，如图 6-11 所示。

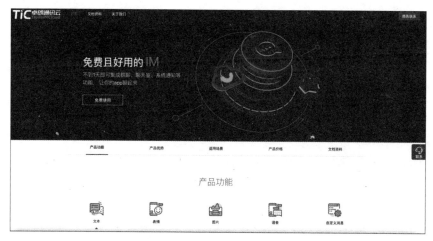

图 6-11　"卓朗通讯云"产品

aPaaS 平台搭建的第（4）步投入比较大，目前笔者没有相关的经验，读者可以根据自己的需求去探索学习。

- 本章小结 •

本章要点总结如下。

（1）评估个性化需求是否实现可以通过深度、广度、战略意义、技术评估 4 个方面来进行，核心宗旨就是需求是否能提升产品卖点、解决用户痛点，是否属于市场空白点。

（2）B 端产品需要保证一定的灵活度，灵活度主要指的是产品支持角色、界面、权限、功能模块等方面的自由配置，包含由产品供应商配置和由客户自己配置。

（3）B 端产品的一个核心指标就是低成本交付，将实施的工作量降到最小，最佳的方式是不需要实施。通过工具升级实现人才降级，没有标准切记不要复制推广。

（4）如果产品非常灵活，一切都可以个性化配置，就会大大牺牲易用性，因此要合理把握产品的灵活程度。

（5）aPaaS 是解决个性化需求的一种技术策略，但不是每个企业都具备相应的开发能力。

第 7 章

客户运营

B 端业务的特点决定了 B 端产品落地必然是"慢工出细活",产品从点子到真正落地,仅靠产品经理空想是不够的,需要更早地拿到反馈和验证想法。产品一般需要经历 MVP、PMF、可售卖、可批量售卖这几个过程。

产品的主要工作就是让企业愿景和客户接受度匹配,万一产品团队发现辛苦做出来的产品客户不愿意用怎么办?如果真是这样,按时、按预算开发出来的产品又有什么意义呢?为了保证本书内容的连贯性,第 7 章才开始重点讲解客户运营,但是实际工作中客户运营和产品开发是同等重要的,工作的优先级也是一样的。

7.1　客户是谁

首先需要想清楚，产品解决的是什么痛点，能给客户带来什么价值，同时描绘一下用户画像大致是什么样子的。同样是 B 端产品客户，有几千人甚至上万人的大企业，也有不到 50 人的小企业，规模不同、行业不同，获客的方式自然也不同。

例如，视频会议产品解决的是远程开会的问题，能让客户低成本地打造流畅自然的远程会议体验。只有一个办公地点的小微企业基本上没有视频会议的需求，而跨城市的大企业大概率有远程开会的需求。如果视频会议产品的宣传重点放在小微企业上，大概率会"死得很惨"。总而言之，了解产品的客户是谁非常重要。

7.1.1　客户画像包含元素

刚刚提到了用户画像，很多人会感到很抽象，什么是用户画像？

C 端产品面向用户，一般需要用户画像，用户画像这个理念是交互设计之父阿兰·库珀提出来的。他认为用户画像是真实用户的虚拟代表，是建立在一系列真实数据之上的目标用户模型。例如，图 7-1 显示的是小米手机的用户画像，用户年龄比例方面，16~25 岁占据 26.9%，26~35 岁占据 57.0%。小米手机的用户群体以年轻人为主，用户的兴趣爱好以直播聊天、运动、动漫为主，用户的社交风格以二次元、文艺小清新、知识青年为主。用户性别比例方面，男生占据大多数，男女比例为 70.2%：29.8%。这些描述可以帮助大家更好地认知小米手机，以及它的用户是什么样的人。

B 端产品面向企业客户，为了区别于 C 端的用户画像，一般把 B 端的真实用户的虚拟代表称为客户画像。

经常有人误把客户的基础信息当作客户画像。如图 7-2 所示，图中包含了所属行业、注册地址、规模等信息，这不是客户画像，只是客户的基础信息，不足以帮助产品更加精准地定位、更加高效地获客。

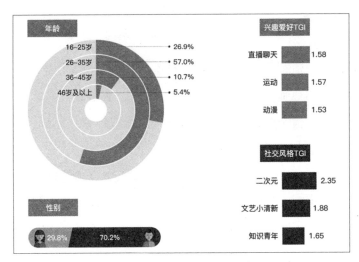

图 7-1　小米手机的用户画像

所属行业	互联网服务
注册地址	天津
注册资本	1750万
注册时长	10年
规模	500~1000人

图 7-2　客户画像例子 1

如图 7-3 所示，这个例子看起来信息就比较完善一些。

行业特征	
所属行业及细分	银行、五大行
企业特征	
公司规模	1000个办事处，2.5万人
客户业务区域	广东省
目标客群	个人
价值认同	专业、安全
需求情况	1.员工未打卡的情况下，软件能主动下发提醒给领导 2.目前员工打卡有企业微信、打卡机打卡方式，后期增加软件打卡，希望软件能实现所有数据都关联到银行自己的内部系统，关联后能实现领导通过内部系统可以查询所有员工的出勤情况
关键人特征	
岗位	考勤负责人
职能	管理考勤
主要希望解决的问题	能让领导通过内网对各端口考勤情况一目了然
过往购买和使用情况	公司内部使用企业微信打卡、内网网站打卡

图 7-3　客户画像例子 2

图 7-3 中包含了行业特征、企业特征和关键人特征。客户为银行，五大行之一，规模为 1000 个办事处，2.5 万人，地址在广东，有考勤管理相关的需求，决策人是考勤负责人。大家在看这个信息时，是不是就相对清晰地感受到了这家企业是什么样的一个客户？这其实是一家客户的画像，只要收集到足够数量的客户信息，就可以提取共同点抽象成产品的客户画像。

B 端客户画像一般包含四部分的内容。

（1）行业特征：包含行业类别、产业链位置等信息，只有了解行业才能有效地挖掘需求、开拓市场、找准主打的方向。

（2）企业特征：包含公司规模、业务情况、地理位置、发展阶段、企业文化等信息。

（3）关键人特征：一定要包括关键人希望通过产品解决自己工作中遇到的哪些问题。虽然 B 端产品是做企业服务的，由企业来付费，但是真正采购产品、做决策的还是这个企业中的个人。关键人可能不止一个，尽量把所有的关键人列出来，了解他们的话语权，这一点很重要。客户画像中的决策关键人应该具有职业属性和个人属性，职业属性包含决策链角色、岗位、职能，以及主要希望解决的问题与过往使用和购买的情况；而个人属性有点像 C 端产品的用户画像，包含年龄、性别、工作年限、兴趣爱好等。这些可以帮助产品团队更好地认识客户是什么样的。所有成功的产品销售模式，都要依靠把不同的人从其组织中分解出来。

（4）客户路径：包含从客户接触产品到最终离开产品经历过的每一个环节。例如，什么情况下产生了需求，什么原因让客户购买，什么原因让客户不续费，等等。这部分信息是比较难收集的，因为需要充分了解客户。

客户画像包含的内容如图 7-4 所示。

B端产品设计与运营实战

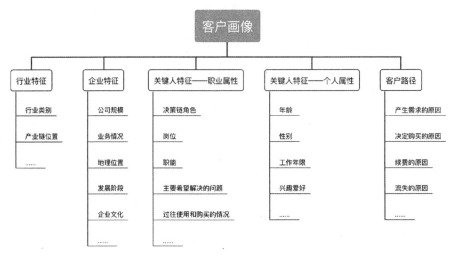

图 7-4　客户画像包含的内容

7.1.2　客户画像关键人

一个客户画像中不止一个关键人，关键人包含 EB（Economic Buyer，经济购买影响人）、UB（User Buyer，用户购买影响人）、TB（Technical Buyer，技术购买影响人），有时还会有 Coach（通常翻译为内线）。

1. EB

EB 就是最终拍板的人，可能不是老板，但说了肯定算，EB 通常只有一位，其最关心的是钱和风险。事实上，EB 最期望的是少花钱多办事，甚至不花钱多办事。EB 能制定预算，同时也能突破预算，别人是做不到的。

虽然有时最终签字的是总裁或董事长，但有时他们只是走个过场，真正做决策的可能是一位副总裁，这时副总裁就是 EB。

2. UB

UB 就是使用产品的人，产品买来就是用的，使用的人自然在购买中有发言权。如果产品的市场品牌工作做得好，UB 很可能找上门来询问产品。UB 比较关心的问题是产品能否给他提供帮助，能否让他工作高效，

130

能否提高他在公司的话语权。

有时 UB 有多位，也会对差异化、个性化的内容比较在意，千万不要忽略 UB 的作用。

3. TB

TB 就是负责技术把关的人，在各种复杂的采购中，总会有人作为技术把关人，以专家的身份在技术层面对产品方案"说三道四"。TB 并非特指技术人员，法务、HR 甚至一个普通员工都有可能是 TB。例如，财务专家在财务系统的产品决策中可能就扮演 TB 角色，甚至这个财务专家都不是客户公司的员工。

TB 不能决定采购，但是可以决定不采购。通俗来说，就是"他说你行你未必行，他说你不行你肯定不行。"

设想一个场景，某公司老板要买一个 CRM 系统，问技术专家："这个产品已经选型得差不多了，你的意见如何？"如果技术专家实话回答："这个产品有巨大的数据安全隐患，可能会导致其他公司偷走我们的客户。"这时老板大概率会选择其他产品，认为没必要承担这些风险。

4. Coach

Coach 直接翻译是教练，但在这里通常翻译为内线，也就是给产品方传递信息的人。Coach 在销售中的作用相当重要，他能提供各类信息，包括其他关键人对销售的产品和其他竞品的看法对比、每个角色的个人利益，还能帮助产品运营人员接触到关键人物，了解他们的行程、喜好，有时甚至能帮助公司的营销人员制定销售策略。

Coach 一般出现在单一客户画像中，很难提取共同特征整合到客户画像中。Coach 不一定有，如果运气好，Coach 能帮助产品运营人员快速完善其他关键信息，对完善客户画像非常有帮助。

关键人一般都需要整理到客户画像中。B 端客户画像的公式如下。

$$客户画像的内容 = 行业特征 + 企业特征 + （关键人职业属性 + 关键人个人属性）× 多个 + 客户路径$$

7.1.3 客户画像的价值

客户画像的价值主要体现在以下几个方面。

1. 对产品的价值

客户画像可以帮助产品团队了解客户需求、确定产品功能设计、不断迭代调整产品。并且有助于制定一个出色的战略，会让开发产品的工作变得更有效率。

这点与 C 端的用户画像很一致。举个生活中的例子，大家都熟悉的橡皮泥最早被发明出来的核心作用是洗车，汽车边边角角的地方特别难清洗，橡皮泥可以把它弄干净，现在洗车行也会用橡皮泥来洗车。但是橡皮泥一开始卖得不太好，后来发现有的用户把橡皮泥作为玩具，儿童特别喜欢。通过观察分析，于是推出了橡皮泥玩具，卖得非常好。

2. 对市场的价值

客户画像有助于调整营销内容、营销策略和营销渠道。

例如，产品客户的关键人都是信息部门的，同时负责电脑的购买分配，那么把广告投放在数码商场就比较精准。例如，笔者之前看到天津的几个有名的数码商场都有"泛微 OA"的广告。

3. 对销售的价值

客户画像有助于调整销售团队结构和销售打法，帮助销售团队进行客户筛选、找到有效客户、提高转化率、确定业务方向、合理配置团队、完成业绩指标。

例如，某 SaaS 软件的客户画像是 300 人以上的大企业，这些企业需求明确、付费能力强，如果销售团队的精力都用在拜访 300 人以下的企业，就会浪费很多人力、差旅和时间成本，影响销售团队士气。

7.2 获取种子客户

根据产品解决的问题、创造的客户价值，需要思考产品的客户画像，有了客户画像后就需要想办法获取种子客户。

种子客户大致来源于两种情况,第一种情况是产品是由项目转变来的。例如,产品团队为客户量身定制一款项目,发现项目本身具备通用性,于是团队一拍即合把项目包装成产品,这种情况下产品本身就有第一个客户,这个客户也有可能是自己的公司。例如,"完美工事"这款产品最早就是为自己公司服务的,后来变成了对外售卖的产品。这种情况需要按照第一个客户去描绘客户画像,在服务客户的过程中,不要图省事直接把客户的需求当成一个项目做,而要思考把需求抽象为一个产品功能,用标准化的产品满足碎片化的需求。

第二种情况是产品一开始没有客户或客户不具备代表性。产品团队可以通过竞品分析了解竞品的商业模式和客户画像,常见的做法是伪装成潜在的客户让竞品售前/销售人员来宣讲产品,这同时也提醒产品厂商不要轻易给潜在客户透露太多"秘密"。例如,很多B端产品的价格就不会在官网体现,一般都是在充分了解客户需求、预算的情况下再报价。明确了客户画像之后,售前或销售人员可以参考客户画像寻找客户。

B端和C端获取客户的方式截然不同,C端以获取流量为主,可以用线上的互联网方式获取,但是B端并不适用。B端客户的获取需要线上与线下相结合,绝大部分来自线下。例如,阿里巴巴B2B的中供铁军早期都是靠地推获取客户,地毯式地拜访江浙一带的企业,最终帮助阿里巴巴实现了盈利,度过了互联网寒冬。

但是现在不是所有的B端企业都适合地推,除非产品盈利模式很清晰,利润足够覆盖人力成本,目前比较多的是借助第三方实现共赢。可以寻找同客异业的合作伙伴,例如,团队的产品是做数据中心3D可视化的,那么就可以和数据中心动环厂商合作。还可以通过渠道分销商销售产品,产品厂商就不需要负担销售成本,渠道商和产品厂商共享收益。产品厂商可以通过第三方平台寻找渠道合作商,同时也可以在产品官网上发布渠道合作的信息,如图7-5所示。

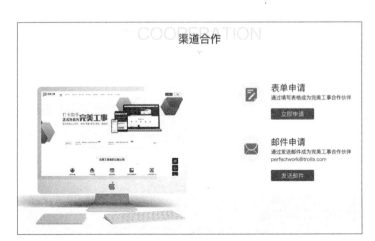

图 7-5 官网发布渠道合作信息

7.3 梳理完善客户画像

随着产品的更新迭代，客户也会发生变化。例如，产品起初功能单一，只能服务小企业，随着产品逐渐完善，也能满足大企业的需求，这时需要客户运营团队及时更新完善客户画像。

获取客户画像就是收集行业特征、企业特征、关键人特征、客户路径等信息。客户画像会随着产品的不同阶段而不断完善。不同行业的产品对客户画像要求的内容不太一样，有的销售人员希望能通过一句话就描绘出大致的客户画像。"三节课""人人都是产品经理"等教育平台都有完善的梳理客户画像的教程，有兴趣的读者可以深入学习。

梳理客户画像常见的做法就是列一个客户画像信息收集表，逐步完善客户画像信息，这种做法销售人员用得比较多，有水平的销售人员都会把拜访的客户整理到表中，方便复盘。开始接触客户时，相关人员在收集信息前可以列一个表，如表 7-1 所示，知道哪些信息就把内容填到表中，有不知道的也可以根据经验假设一些，假设的要做好标记，后面逐步去验证假设。填这个表的信息就是在不断完善和丰富客户画像，其中最重要的就是关键人特征和客户路径。

表 7-1　客户画像信息收集表

类型	关键词	描述
行业特征	行业类别	
	产业链位置	
企业特征	公司规模	
	地理位置	
	发展阶段	
	市场情况	
	业务情况	
	企业文化	
	其他	
关键人特征（EB、UB、TB、Coach）	个人特征	
	岗位	
	职能	
	决策链角色	
	KPI	
	主要希望解决的问题	
	过往使用和购买的情况	
客户路径	产生需求的原因	
	是如何找到产品的	
	决定购买的原因	
	使用过程中的反馈	
	续费的原因	
	流失的原因	

　　笔者结合网络教程和实际经验总结了五步法，需要产品、运营、市场、销售等角色一起完成，不同角色之间的信息要及时同步。

　　（1）快速熟悉一个客户，完善行业特征和企业特征。

　　（2）做好客户分层，补充关键人信息。

（3）拜访客户，丰富客户画像。

（4）回访客户，及时更新客户路径。

（5）定期提取客户共性特征，梳理客户画像。

7.3.1 快速熟悉一个客户，完善行业特征和企业特征

无论是在线上还是线下获取潜在的客户，都需要快速熟悉客户及客户所在的行业，万事都需要提前准备。

尽量完善表中的行业特征和企业特征，了解客户的基本业务。现在互联网这么发达，这些信息基本上都可以在网上找到，大家要掌握一些搜索技巧。

行业特征可以通过第三方网站、行业报告获取，企业特征也可以借助百度百科、企查查、爱企查、客户公司官网等渠道完善。有些信息是一定要收集的，具体如下。

（1）客户公司基本信息：包含人员规模、成立时间等。

（2）客户主营业务信息：包含业务规模、商业模式等。

（3）关键人相关的信息：包含客户公司组织架构、企业文化、公司福利等。

（4）近期热点：包含融资新闻、创始人相关的新闻等。

还有一部分信息，如果有时间建议去了解一些，这部分信息如下。

（1）产业链信息：客户业务处于产业链的哪一个环节，主营业务头部公司有哪些。

（2）竞品信息：客户竞品公司有哪些，哪些是已经和公司合作的。

（3）双方合作性的信息。

这部分信息可以参考一下行业报告，第 3 章给大家推荐了以下几个网站。

（1）中国报告大厅。

（2）艾瑞网。

（3）阿里研究院。

（4）艾媒网。

如果想看IT行业的报告，下面几个网站也可以。

（1）199IT。

（2）IT桔子。

36氪研究院中也有一些比较有深度的行业报告，如图7-6所示。

图7-6　36氪研究院行业报告

7.3.2　做好客户分层，补充关键人信息

熟悉了潜在客户的行业特征和企业特征后，产品运营人员也要有意识地去对客户分层，根据客户公司规模、需求强弱对客户进行区分。常见的分层方式就是ABC分层法，客户公司规模比较大、付费能力比较强、需求意愿比较强的可以作为A类客户。以此类推，客户公司规模比较小、付费能力比较弱、需求也不明确的可以定义为C类客户。刚做客户运营的新手很容易犯的错误就是对所有客户一视同仁，平等对待，这其实是不对的，应该按照二八法则，用80%的精力去运营20%的最有价值的客户。

产品、市场、销售等角色充分讨论沟通，理解产品后确认哪些行业应该重点布局、哪些行业能签到更多的客户，这些行业的企业可以适当提升客户层级。

产品运营团队要利用好内部已有的资料优先补充 A 类客户信息。潜在客户都会有联系人信息，与客户方的联系人充分沟通，最终能够对客户有一个大致的了解，尽量确定客户关键人是谁，补充关键人信息，有些信息实在不知道可以假设，有机会再去验证。例如，某客户联系人是一名普通的 HR，客户联系人的领导大概率就是关键人，可以尝试打探一下这位关键人的信息。

产品运营人员可以先思考一下，如何了解客户关键人，有没有方法找到客户公司内部人员去了解，自己公司组织内部有没有同事对客户公司有了解的。同时千万不要把自己的眼光局限在组织内部，在信息获取进度出现瓶颈时，要考虑动用外部资源。例如，在客户方工作的朋友、行业专家，甚至是竞品公司的关键人，还可以通过"脉脉""领英"等产品找到相关方。

这一步比较考验操作者的个人人脉和信息收集能力，B 端从业者对自己专业能力之外的能力也要重视，个人影响力和解决问题的能力就是实力的一部分。做 C 端产品时经常可以参考借鉴别人的一些思路，但做 B 端产品有时需要自己进行规划和实践，有时很难借鉴到思路，切忌浮躁，浮躁的人会拒绝一些自己能力达不到的事情，而不是勇于挑战。作为 B 端从业者，可以没有过硬的技能，但是能在关键时刻找到关键的信息，照样可以在组织内发挥自己的作用。

7.3.3 拜访客户，丰富客户画像

与产品的潜在客户当面沟通很有必要，有时还需要给他们提供必要的支持，这样有助于挖掘他们的真实需求，将他们变成潜在的消费者。拜访客户有助于团队进一步补充客户画像的信息。

拜访客户前，产品团队应该已经对客户有所了解，包括公司规模、需

求意愿和猜想的关键人信息。如果一名潜在的客户邀请你但是对你的产品没有任何兴趣，那么他们很可能只是伪装成客户打探你的产品信息，这时要提高警惕，不要把时间浪费在这种客户身上。

之前收集的关键人信息有助于销售人员和客户沟通，选择沟通的客户级别很重要，和初级员工沟通与和高级员工交流一样困难，因为初级员工决策权很弱，行业知识也不足，所以成功率很低。建议联系客户公司里比初级人员高一到两个级别的人，最好是能和 UB 这类角色面对面沟通，他们对问题和公司有充分的了解，知道如何给公司带来变革。在交流的过程中，他们也可以带我们接触公司的更高层，从而使我们可以面向高管进行销售。

为了确保销售 / 售前人员可以和客户进行有效的沟通，让双方的认同度更高，需要确认拜访的目的和相应的注意事项，还需要熟悉客户的基本情况、公司业务相关的信息、拜访人基本信息（岗位、喜好等）、客户碰到的主要问题和潜在需求等。

拜访过程中要做好记录，尤其是决策人希望通过产品解决什么问题、达成什么效果，决策人有什么个人需求等。

《销售巨人：大订单销售训练手册》的作者尼尔·雷克汉姆用 10 年的时间对 3.5 万个销售电话展开研究，制定了与潜在客户沟通的 SPIN（情景性 Situation、探究性 Problem、影响性 Implication、解决性 Need–Payoff）问题模型，如图 7-7 所示。

情景性问题有助于了解客户购买状态，一般通过此类问题破冰，但此类问题不宜太多；探究性问题引导客户说出碰到的问题，可以明确客户痛点在哪里；通过影响性问题挖掘这个困境产生的影响；通过解决性问题引导提供解决方案。

一个客户成交的过程中可能需要多次拜访，在拜访后，拜访者要及时整理访谈的内容，进一步完善客户画像，尤其是客户关键人喜好、个人诉求等信息可以进一步完善。

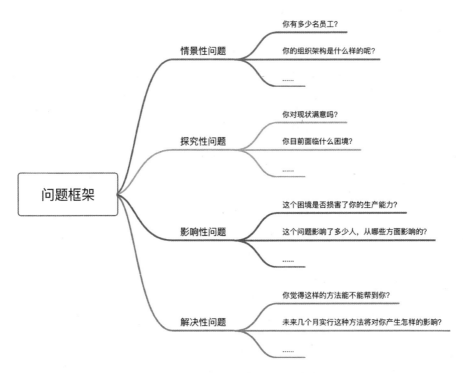

图 7-7　与潜在客户沟通的问题框架

7.3.4　回访客户，及时更新客户路径

成交是服务客户的开始，而不是结束。售后团队也需要定期对客户进行回访，回访也是按照二八法则，将 80% 的精力用于回访 20% 的最有价值的客户。多收集客户意见，了解使用过程中有哪些问题，尽量及时响应解决。客户使用体验好，才更有可能续费和转介绍。

客户使用过程中的体验、客户续费或流失的原因要及时记录在客户信息表中。

7.3.5　定期提取客户共性特征，梳理客户画像

执行完上面几步，客户信息就比较完善了，要定期提取客户共性特征，梳理客户画像。

需要把收集好的客户画像信息表按照画像框架进行整理（信息可以根据不同行业、产品进行调整），把每一个单个客户画像信息表中的一些共性特征与个性特征相结合，完善并整理到客户画像信息表中，不容易理解的地方说明具体情况。

记得保留原始材料，以便未来深入了解时遇到疑点可以回顾之前整理的内容。

大家要用发展的眼光看待客户画像，这个世界上唯一不变的是变化，产品的客户也在变，产品团队需要不断去完善和更新客户画像。

• 本章小结 •

本章要点总结如下。

（1）B 端产品从一开始就需要建立和不断完善产品的客户画像。

（2）客户画像一般包含四部分的内容——行业特征、企业特征、关键人特征（分为职业属性和个人属性）、客户路径。

（3）客户画像对产品、市场和销售都有价值。

（4）关键人包含 EB（最终拍板的人）、UB（使用产品的人）、TB（负责技术把关的人），有时还会有 Coach（内线）。

（5）通过熟悉客户、拜访客户、回访客户等可以逐步完善多个客户的基本信息，然后提取共性特征形成客户画像。

第 8 章

B 端产品营销策略

　　B 端业务是通过为客户提供服务、创造价值，最终获得市场利润。B 端市场慢热，B 端产品的用户增长相对于消费者市场而言更为困难。在这个慢热的市场中，有什么好用的方法可以实现用户的有效增长呢？

　　本章重点介绍 B 端产品运营增长策略、关注的数据指标及内容营销、活动营销、线上渠道在 B 端产品中的应用。

8.1　B 端产品运营增长策略

首先介绍一下 B 端产品的增长策略。

8.1.1　增长黑客

2010 年时，由肖恩·埃利斯首次提出增长黑客。增长黑客指的是一种用户增长的方式，说得直白一点，就是通过某些手段和策略帮助公司形成快速成长。

增长黑客通常既了解技术，知晓如何通过技术绕开人为设置的增长门槛；又精通产品，知道如何在产品的搭建和运营过程中让获取用户的路径更短；同时还是市场营销的操作者，通过模型搭建和 ROI 控制，在用户获取和成本消耗之间达到比较完美的平衡。

下面来看一个例子，今日头条的技术投放策略很典型，早期百度还允许今日头条投放时，今日头条在百度做了拓词的投放。市场运营人员在百度进行渠道投放时如果只投放相关的关键字，结果是量少、多家竞价、转化效果不佳，而且成本非常高。而今日头条创新性地利用每天百度新产生的大量没有人竞价的关键词进行拓词，通过技术手段自动生成聚合这些关键字的着陆页，然后在百度进行投放。这样做的好处是量大而且价格便宜，着陆页聚合的内容本身比百度的还好，用户转化效果自然就非常理想了，大大降低了渠道投放的成本。

像这样的例子还有很多，例如，Hotmail、领英、拼多多等都有不错的增长黑科技值得学习。但是产品决定了获取用户数据的基本面。不同的用户层面和产品形态也可能导致不论怎么努力就是无法快速获取用户的结果。尤其是 B 端产品，有 1000 个大客户也许就可以上市了。

8.1.2　获客策略

第 7 章介绍了客户运营，为 B 端产品建立客户画像是比较重要的，因为不管团队是做内容营销还是做活动营销，抑或是用其他的营销方式，都要对产品的客户是哪类群体、他们有什么样的特征非常熟悉。

B 端企业的绝大多数成交来自线下地推销售。新冠肺炎疫情的来临让 B 端增长人员不得不思考做企业产品市场除了地推、BD（商务合作），还有没有其他有效的获客方式。其实其他的 B 端获客方式很难完全取代线下销售，但是可以借助一些策略提升线索获取效率，降低销售成本。常见的有效策略就是通过营销矩阵实现客户增长，如图 8-1 所示，营销矩阵就是以内容、活动和渠道的组合去触达目标客户群，完成销售线索的获取。B 端产品主要就是把这 3 种元素不断地进行各种组合，然后产生更多的获客方式，从而使 B 端运营人员的发挥空间越来越大。

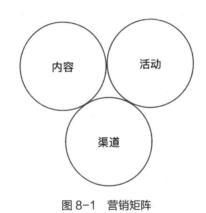

图 8-1　营销矩阵

下面具体来看一下这三部分都可以做什么。

1. 内容

先来介绍一下内容营销，有什么内容是可以用来获客的呢？

常见的内容包括客户成功案例，行业白皮书，行业解决方案，期刊、书籍等出版物，视频教程，等等。这些内容可以在各种场景中激发客户兴趣，让客户有留下线索的欲望，至少也是运营人员和客户互动的一个噱头。

比较基础的内容是客户成功案例和行业解决方案，这两部分是任何一家 To B 公司都一定要做的内容，对客户也是非常有价值的。所以，在内容这一部分，最主要的就是怎么把公司的产品服务、案例，还有对客户有用的内容制作出来，这些是获客的弹药。

高质量的内容是一个非常好的吸引客户留下线索的方式，可以让客户注册并登录后领取相关内容资料，或者让用户留下姓名、联系方式和公司信息。如果团队的内容产出比较多，甚至可以引导客户进行邮件订阅，这样客户可以持续收到相关的内容信息，这一类客户的价值非常高。

刚开始做内容营销时会发现有很多不同的内容形式，在资源有限的情况下，内容运营人员要优先选择基础的内容，高质量的内容需要有足够的沉淀。

笔者和很多同行交流过，经常听到从业者说缺乏相关内容，无法正常开展内容营销。其实任何一家运营半年以上的 To B 公司都会有一定的基础内容，运营人员需要考虑如何用现有的内容再加上一些素材，生产出更加适合获客的高质量内容。

2. 活动

活动是提升品牌势能、获取线索、转化线索、实现价值的有效手段之一。

B 端活动是通过活动的形式传递公司希望传递的信息，在行业和目标客户群中树立并加强品牌和产品的影响力，从而帮助一线人员快速拓展业务。同时要设定有吸引力的、合乎常识的活动奖励，控制好参与活动的成本，让用户明确活动成本和收益后，主观上能掌控参加活动的行为，才能吸引更多的用户参与活动，进而达成商业价值。

B 端产品做活动营销主要有 3 个作用 —— 触达作用、引导作用、转化作用，如图 8-2 所示。

（1）触达作用：批量、精准地接触关键人。

（2）引导作用：在活动过程中提高品牌效益。

（3）转化作用：通过营销活动直接转化。

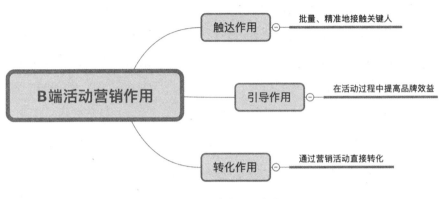

图 8-2　活动营销的 3 个作用

3．渠道

渠道推广就是通过哪个平台、哪个合作伙伴或哪个资源方来帮助市场运营人员进行推广，甚至带来更加精准的客户线索。

B 端产品推广一定要线上与线下相结合，客户不会在单一渠道了解到产品的全部并且立即购买，而是在多个渠道了解后，经过思考才决定购买。所以，务必要多渠道触达用户，不断加深客户对产品的好感。

2020 年的新冠肺炎疫情让大家不得不重视线上渠道。B 端产品从业者，尤其是市场或运营人员，每天有多少流量、流量从哪些地方来、转化情况如何，以及数据驱动的增长优化空间在哪个环节，这些都是要十分明确的。

B 端产品流量主要来源于有机渠道和付费渠道。

有机渠道吸引的是自然流量，也就是说，用户能够通过这些渠道自发地找到团队的产品，来到产品的网站、App，而无须付费推广。

常见的有机渠道如下。

（1）搜索引擎（最主要）：通过 SEO（搜索引擎优化）提升页面排名。

（2）微信生态：提升公众号文章、小程序、公众号在搜索中的排名、曝光量。

（3）问答平台（如知乎）：通过回答问题来曝光产品。

（4）信息流（如今日头条）：通过系统推荐算法，把软文展现给用户。

（5）博客平台：通过算法、网站编辑推荐给用户。

（6）QQ 群搜索：提升自己的群在 QQ 搜索中的排名。

（7）论坛 / 贴吧：相关度高的软文贴。

（8）社交平台：脉脉等。

有机渠道的最大特征是通过高质量、高相关性的内容，提升自身在流量平台的曝光度，让精准用户能够主动找上门来。

付费渠道有很多，可以分为三大类。

（1）SEM（搜索引擎营销）：例如，百度推广、搜狗推广、360 搜索推广等。

（2）信息流广告：包括今日头条、微信朋友圈广告、微博粉丝通知、抖音推广等。

（3）网盟推广：字节跳动的穿山甲、腾讯的广点通等。

不同渠道带来的流量质量不同。例如，品牌影响力带来的流量，因为是慕名而来，质量会很好；而通过 SEM 购买的通用词，质量就会稍微差一些，但是在所有付费推广的渠道中，SEM 是相对来说效果比较好的。

4. 综述

这三部分并不是相互独立的，而是相辅相成的，针对这一类的岗位有市场运营、品牌运营等，还有更细分的叫渠道运营、活动运营、内容运营等，这些都可以统称为 B 端运营人员，主要的工作流程如图 8-3 所示。B 端整个客户全链路也可以归纳为 5 个阶段：获客阶段→线索阶段→商机阶段（培育期）→付费转化阶段→客户成功阶段。

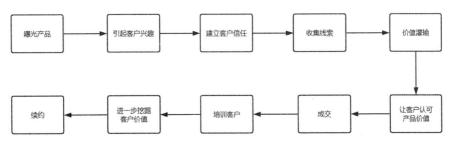

图 8-3　B 端产品获客的工作流程

客户从认知品牌到点击浏览、着陆页、注册转化、获取线索、成为商机、潜在客户、接触客户、产品展示/报价、签合同、交付、客户服务/续约、转介绍,整个客户全链路都属于 B 端运营的工作范畴。

B 端运营的本质就是让产品被使用得更好、客户体验更佳,且把软件做得比竞品更好。落到具体业务上,就是解决获客、转化、续签等问题。然而,随着近年来 B 端产品的持续升温,产品种类不断增加,针对客户和业务的精细化数据分析能力成为一名优秀的 B 端运营人员的核心竞争力之一,这也让 B 端运营团队产生了深厚的数据驱动业务决策文化。

这类岗位要善于思考总结,基本的思考包括以下几点。

(1)客户在哪?

(2)什么能引起客户的注意?

(3)怎么让客户快速了解产品的价值?

(4)怎么吸引客户留下线索?

(5)做决策的是哪些人,怎么从决策者 KPI 上让产品价值凸显?

(6)怎么让客户快速做决策?

(7)怎么让客户觉得有价值?

(8)还有哪些功能客户没用上?

8.2 关注的数据指标

首先运营人员需要了解一下指标的定义,指标即衡量目标的方法。指标的构成要素有维度、汇总方式和量度。

(1)维度:从哪些角度去衡量。

(2)汇总方式:用哪些方法去衡量。

(3)量度:目标是什么。

所谓数据指标,简单来说,就是可将某个事件量化,且可形成数字来衡量目标,这些数字运营人员都会用到。在一定程度上,数据指标能揭示出产品用户的行为和业务水平状况。运营人员在工作中会关注一些数据指标，如转化率、留存率、日活、月活等。

而在 B 端运营的不同阶段，又有哪些数据指标是值得运营人员去关注的，或者是有效的，并且能帮助产品业务线找到提升方向呢？不同行业、不同产品的数据指标有很多，B 端运营在每个阶段关注的数据指标的侧重点不同。B 端运营通过各种途径获取销售线索，留住用户进行付费/续费，并通过运营手段逐步树立品牌正面形象，创造更多营收，使品牌效益和影响最大化。

下面以 SaaS 类的 B 端产品举例，分别介绍每个阶段需要关注的数据指标。

8.2.1　获客阶段需关注的数据指标

1. 渠道数据

渠道是获客的重要手段，需要关注以下数据指标。

（1）投放消耗：统计时间内花费的金额。

（2）获客成本：统计时间内花费的金额/新增人数。

（3）曝光量：通过应用市场或其他渠道投放广告曝光的次数。

（4）点击量：广告被点击的次数。

（5）下载量：通过应用市场等渠道下载 App 的用户数量，如果产品没有 App，可以统计其他相似的数据。

（6）激活量：安装应用后，首次打开程序的用户数量。

（7）激活转化率：从下载到激活的用户转化率。

（8）新增注册量：注册的用户数。

（9）注册转化率：从激活到注册的用户转化率。

（10）企业创建数量：用户创建企业的数量。

（11）日均自然量占比：自然量新增/新增人数。

（12）新增用户渠道来源占比。

（13）各个渠道留存率：每个推广渠道来源，*x*日留存率为*x*日前的新用户在今天还启动应用的比例。

图 8-4 所示是渠道转化漏斗示例。

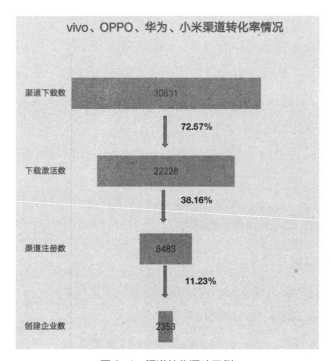

图 8-4　渠道转化漏斗示例

图 8-5 和图 8-6 所示是应用商店多维度渠道数据指标示例。

渠道	本周数据					上周数据				
	本周下载激活	本周注册	本周企业用户数	本周注册转化率	本周费用	上周下载激活	上周注册	上周企业用户数	上周注册转化率	上周费用
OPPO应用商店	881	295	56	33.48%	0	1745	849	117	48.65%	0
VIVO应用商店	1704	646	105	37.91%	3751	2040	1017	117	49.85%	3757
华为应用商店	1194	657	85	55.03%	0	1993	1363	238	68.39%	0
小米应用商店	367	192	39	52.32%	0	618	362	63	58.58%	0
苹果市场	3614	1336	396	36.97%	3400	3056	2599	595	85.05%	0
其他	874	420	83	48.05%	0	1388	917	170	66.07%	0
总计	8634	3546	764	41.07%	7151	10840	7107	1300	65.56%	3757

图 8-5　应用商店多维度渠道数据指标示例 1

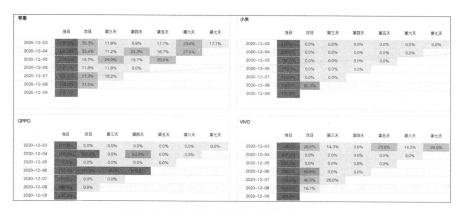

图 8-6　应用商店多维度渠道数据指标示例 2

2. 官网数据

官网数据包括 PV、UV、IP、新访客、跳出率、SEO 关键词排名、商桥数、400 电话数、自然流量走势、展现量、点击量、点击均价、总消费等。图 8-7 所示是官网数据指标示例。

日期	星期	PV	环比	UV	IP	新访客	新客占比	访问页数	跳出率	环比
					网站PC统计					
6/26	五	26	100.00%	16	16	16	100.00%	2	64.71%	-16.80%
6/27	六	29	11.54%	12	12	12	100.00%	2	66.67%	3.03%
6/28	日	404	1,293.10%	134	126	92	73.02%	3	78.71%	18.06%
6/29	一	324	-19.80%	150	147	89	60.54%	2	78.14%	-0.72%
6/30	二	420	29.63%	166	157	90	57.32%	3	74.24%	-4.99%
7/1	三	382	-9.05%	215	203	109	53.69%	2	78.57%	5.83%
7/2	四	334	-12.57%	207	188	111	59.04%	2	79.25%	0.87%

指标		百度竞价								
		PC竞价				YD竞价				总日消费
日期	星期	展现量	点击量	日消费	点击均价	展现量	点击量	日消费	点击均价	
6/26	五	5917	36	39.22	1.3	5823	52	24.59	0.5	63.8
6/27	六	7900	43	71.73	2.1	5410	66	30.40	0.5	102.1
6/28	日	28827	101	237.35	2.3	9404	112	77.91	0.8	315.3
6/29	一	30302	105	237.3	2.3	9800	124	81.44	0.7	318.7
6/30	二	26770	125	349.01	2.7	14540	126	84.28	0.7	433.3
7/1	三	26690	153	367.45	2.4	14977	122	86.92	0.7	454.4
7/2	四	24438	140	233.7	1.7	9942	129	94.22	0.8	327.9

指标	免费流量			百度竞价		对话分析				
						商桥		400电话		
日期	PV	IP	免费IP占比	PV	IP	对话量	有效对话量	已接	未接	对话成本
6/26	329	168	65.37%	131	89	4	2	4	0	133.21
6/27	315	156	68.12%	106	73	5	3	4	0	139.64
6/28	278	160	66.95%	122	79	4	0	4	0	111.16
6/29	577	150	65.22%	141	80	4	2	4	1	82.00
6/30	80	39	59.09%	57	27	2	0	2	0	31.18
7/1	47	23	46.00%	43	27	2	0	2	0	25.63
7/2	566	178	71.77%	122	70	3	1	8	0	82.51

图 8-7　官网数据指标示例

3. 活动数据

活动数据包括活动场次、活动城市、活动到场分布、参与人数、费用、活动成本、ROI 等。可以基于渠道数据（包括官网）、用户行为数据、活动数据等判断渠道质量，提高获客能力。

4. 用户行为数据

用户行为数据包括页面访问路径和转化率。

（1）页面访问路径：统计用户从打开应用到离开应用过程中每一步的页面访问和跳转情况。

（2）转化率：进入下一个页面的人数（或页面浏览量）与当前页面的人数（或页面浏览量）的比值。一般基于用户行为数据重点优化获客转化率。

5. 触点行为数据

有些数据根据不同业务需要重点关注，例如，客户是什么行业的、来源渠道是什么、用户规模是否超过 100 人，基于触点行为数据做线索质量权重归因，给客户打标签，用于后期有针对性地进行内容触达或营销。

8.2.2 线索阶段需关注的数据指标

1. 用户数据

基于新增数据进行客服回访，了解客户的几大要素，初步认知及筛选有效线索。客户几大要素包括公司名称、所在城市、人员规模、主要需求、之前有无使用类似软件、有无付费经历、付费金额等。需要关注以下数据指标。

（1）新增用户：企业客户每日新增注册的企业的员工。

（2）有效线索数。

（3）有效接通电话数量。

（4）拒接率。

（5）用户增长率。

2. 活跃数据

基于活跃数据判断线索状态，方便进行客户分层管理，需要关注以下数据指标。

（1）DAU（日活跃用户）：产品一个自然日的活跃用户数，关于活跃用户的定义，各个产品都没有明确的界定。

（2）连续活跃 n 周用户：连续 n 周，每周至少打开过一次 App 或网站的活跃用户。

（3）重要用户：连续活跃 4 周及以上的用户。

（4）连续活跃用户：连续活跃 1 周及以上的用户。

3. 内容数据

根据内容数据评估内容产生的价值，需要关注以下数据指标。

（1）阅读量、阅读量走势、线索转化量。

（2）阅读次数。

（3）文章数量。

（4）阅读人数。

（5）完成阅读次数（用户滑到图文消息底部的次数）。

（6）阅读完成率。

（7）送达阅读率。

可以基于搜索词给线索打标签，锁定用户搜索意图，定制内容推荐。

8.2.3　商机阶段（培育期）需关注的数据指标

1. 用户数据

运营人员可以基于用户行为数据和标签交叉查询进行分群（分层），需要对客户健康指标进行监控。客户健康指标的监控是实时的，一般来说，会是几个关键事件（例如，平均登录次数、帮助页面的 PV、联系客服的次数、使用核心功能的次数）整合后得出的数字。

2. 内容数据

基于内容数据和分群包装最佳客户案例，需要关注以下数据指标。

（1）客户案例阅读量。

（2）文章数量。

（3）客户案例数量。

3. 客服回访数据

基于分群分层进行二次回访，确定客户意向度，需要关注以下数据指标。

（1）有效接通电话。

（2）商机数。

（3）拒接率。

8.2.4　付费转化阶段需关注的数据指标

1. 活动数据

这个阶段开展的市场活动是为了提升付费转化率，需要关注以下数据指标。

（1）活动参与度。

（2）活动成本。

（3）新客户付费数。

（4）老客户付费数。

（5）总营收。

（6）订单数。

（7）客单价。

（8）购买会员类型。

2. 客服营销数据

产品客服在这个阶段要配合客户分层，针对商机客户进行有效回访，需要关注以下数据指标。

（1）有效接通电话。

（2）拒接率。

（3）意向度。

3. 销售数据

这个阶段需要关注销售数据，提升销售人员能力，需要关注以下数据指标。

（1）销售额。

（2）订单量。

（3）完成率。

（4）增长率。

（5）重点产品的销售占比。

（6）各平台销售占比。

（7）利润。

（8）成交率（转化率）。

（9）人均产出。

8.2.5　客户成功阶段需关注的数据指标

1. 用户行为数据

这个阶段要基于产品功能埋点，细化到分析客户状态、做好流失预警、观察客户使用产品状态、收集用户反馈、优化迭代产品功能，需要关注以下数据指标。

（1）功能活跃指标：主要关注某功能的活跃人数。

（2）留存率。

（3）活跃数。

（4）用户活跃率。

2. 客户数据

这个阶段客户成功团队需要基于客户分群做定制化关怀，引导客户转介绍、制定续费方案，需要关注以下数据指标。

（1）续费率，也就是付费客户留存率，在前期数据并不充足的情况下，比流失率能够更准确地反映出产品被客户接受的程度高低，计算公式为：客户续费率 = 完成续费的客户数量 / 当期到期的客户合同数量。

（2）平均每个客户的月度营业额，计算公式为：平均客月价 = 当月MRR/ 当月活跃客户数。

（3）转介绍（传播因子）相关数据。

（4）投诉数量和投诉率。

（5）客户流失率，计算公式为：客户流失率 = 在指定时间段内取消续费的客户数量 / 在同一时间段内开始付费的客户数量。根据不同产品业务的特性，流失率的定义也不同。

8.3　日常营销内容发布

B 端产品厂商需要定期对日常内容进行维护、发布。想象一个场景，如果潜在客户发现产品厂商几年都没有发布任何内容，官网好久没更新，会做何感想呢？很可能会认为产品厂商已经濒临倒闭了，这时合作意愿就很低了。

运营人员需要定期维护日常内容，一般可以通过公众号、官网或其他媒体（如今日头条、百家号等）发布日常内容。用好日常内容也可以激发客户兴趣、积累口碑、提升品牌形象。

B 端日常内容选题主要有以下三类。

（1）企业新闻：主要包括企业融资信息、客户签约信息、战略合作信息、产品动态信息、获奖信息。在众多企业新闻中，这五类是对获客有帮助的，同时对客户的决策有推动性作用。

（2）客户成功案例：可以聚焦行业方向、客户业务方向、产品解决方案方向进行选题编写。

（3）行业资讯：主要包括行业热点、企业动态与资讯、深度分析、趋势解读等，这几个方向是对获客有帮助的。

1. 企业新闻

企业新闻是一个效果不错的内容类型，主要包括企业融资信息、客户签约信息、战略合作信息、产品动态信息、获奖信息。但这些内容不能简单地定义成企业想说的内容，可以以第三方或客户的角度阐述内容。这些内容如果做得好一点，可以增强客户信心，解除客户顾虑。

图 8-8 所示是知乎融资 4.34 亿美元的新闻案例，写这类内容时一定要从战略意义和用户的角度出发。

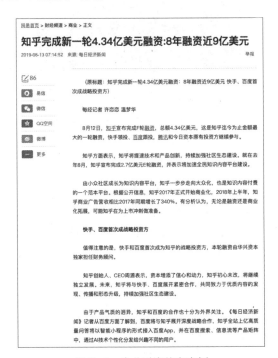

图 8-8　企业融资信息案例

客户签约信息这类内容，运营人员要注意选择什么样的企业去写，最好是有影响力的标杆企业。图 8-9 所示是华为签约西班牙的新闻案例。

战略合作信息案例如图 8-10 所示，内容是卓朗科技和 OpenStack 基金会的合作。在写战略合作信息时最好写合作方品牌知名度高的，同时要在

...

内容上体现合作方的认同，表达出双方的合作可以为客户带来什么，这样可以增加客户的信心。

图 8-9　客户签约信息案例

卓朗科技与OpenStack基金会成为战略合作伙伴 共建联合实验室

2019-09-12 07:30

2019年9月9日，OpenStack基金会一行首次到访卓朗科技，与卓朗科技昆仑云团队和信息安全团队就OpenStack产品使用推广情况，以及开源行业发展趋势进行了深入交流。OpenStack基金会与卓朗科技正式签署战略合作伙伴协议，决定共建联合实验室，推动全球云计算生态建设。同时，双方就OpenStack基金会与卓朗昆仑云发展、Openstack与国产化适配等方向达成合作共识。

图 8-10　战略合作信息案例

　　产品动态信息案例如图 8-11 所示，这里以"完美工事"产品动态为例，在写这类信息时要尽量从为用户创造价值的角度考虑，把重点、重大的更新展示出来。

图 8-11　产品动态信息案例

　　获奖信息这类内容对产品有比较良好的背书作用，可以从获奖难度、企业或产品优势角度出发介绍，如图 8-12 所示。

图 8-12　获奖信息案例

2. 客户成功案例

这类内容的重点是成功的客户案例，选题方向有 3 个，分别是行业方向、客户业务方向、产品解决方案方向。

B 端产品做案例包装其实是常规性的动作，不一定每个都要写，应结合产品的业务拓展方向去做一些取舍和优先处理。

例如，金蝶云是按照行业方向进行选题，站在行业的角度描述案例的内容，包含农业、制造业等，如图 8-13 所示。

图 8-13　客户案例选题角度

也可以按照客户业务方向进行选题，例如，按照生产制造或移动办公等场景进行选题，分别介绍不同场景下的客户获得的价值，如图 8-14 所示。

图 8-14　按照客户业务的场景分类

还可以按照产品解决方案方向进行选题，如介绍客户都购买了哪个产品或哪些产品模块，以及相应获得的价值。

3. 行业资讯

这类内容包括行业热点、企业动态与资讯、深度分析、趋势解读等。尽量站在客户的角度呈现相对完整的内容，同时尽量做到让内容帮助客户解决关键问题。

以行业热点为例，运营人员要看现在行业中大家都在讨论什么热点话题，例如，在 HR 领域中大家比较关心阿里巴巴、腾讯这些大集团的人事物结构的调整变化及背后的战略意义和目标方向，以及像之前比较火的"996"这样的话题也都属于行业热点，如图 8-15 所示。

996现象深度解读 ——全球化和技术发展必将颠覆人的工作方式

2019-04-17 19:07

"996"工作制，这一互联网企业盛行的加班文化，在近日成了热议话题。浙江大学管理学院院长魏江教授对"996"背后的深层原因进行了剖析。

图 8-15　996 热点解读

企业动态与资讯也是比较好的选题方向，客户一般比较关注其所在行业中其他企业的信息。运营人员要分析客户所属行业中什么样的企业影响力比较大，一般是标杆类的企业，重点写这类企业的动态和资讯。例如，之前 Costco 进入中国在零售行业就引发了一场热潮。

深度分析类的文章也是一个比较好的选题方向，微信公众号数据显示，深度的分析类长文转发率是比较高的，所以相关内容运营人员可以就某些企业关心的话题去写一些深度分析类的内容。

趋势解读含金量也是比较高的，一般老板比较关心趋势解读类的文章。

8.4　产品官网的建设

B 端产品需要重视产品官网的建设。官网是企业在互联网上展示形象的门户，也是企业进行品牌、产品宣传的重要途径。

8.4.1 网站优化

网站作为品牌宣传的窗口和承接流量的地方，当搜索引擎是付费流量获取的主渠道时，一个高转化率的网站就显得非常必要。作为从流量到线索的转化中枢，官网就是一个筛子，它的密度和大小很关键。有些企业官网的 PV 和 UV 并不低，但转化率却很低。

着陆页是访客点击广告后打开的第一个页面，可以很好地承接用户的搜索需求，从而获得转化。很多企业在设置着陆页时，统一都用官网首页，但这样的效果并非最好。着陆页最好要突出检索词和实际业务之间的关系，例如，用户搜索"考勤软件哪个好"时可以有专门介绍考勤的着陆页去承接，如图 8-16 所示。

图 8-16　着陆页示例

一个优秀的着陆页，是在符合品牌质量要求的同时，可以承接好流量，获得更多线索。流量增长一倍的难度和转化率提高一倍的难度根本不同，也许修改一行文字，转化率就会提高一倍，这就是着陆页的魔力。

着陆页应尽量具备 5 个元素 —— 价值主张、CTA（用户行为召唤）、数据证据、客户证言、人格化。

1. 价值主张

如图 8-17 所示，了解商业模式画布的人肯定知道价值主张是非常重要的，这一模块描述的是为某一客户群体提供能为其创造价值的产品和服务。

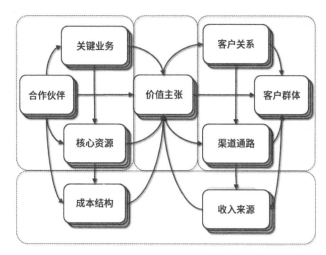

图 8-17　商业模式画布

通常网页第一屏要用一句话说清楚主要业务是什么，可以提供什么产品或服务，也就是价值主张。图 8-18 所示是卓朗昆仑云官网示例。

图 8-18　卓朗昆仑云官网示例

2. CTA

一个完整的着陆页需要给用户一个指向，告诉用户要做什么。如图 8-19 所示，飞书着陆页直接引导用户注册。

图 8-19　飞书着陆页示例

3. 数据证据

数据证据应用的是社会认同原理，着陆页加上数据证据可以增加信任感和认同感。如图 8-20 所示，北森官网添加了产品使用数据。

图 8-20　数据证据示例

4. 客户证言

客户证言不但能获取客户信任，同时还具有引导和暗示作用，能激发客户欲望。客户证言要具象化、场景化，使用产品 / 服务前后的对比要说明白，有数字对比效果会更好，如图 8-21 所示。

图 8-21　客户证言示例

5. 人格化

在网页中增加笑脸，会给用户传递友善信息，使之心情愉悦，更愿意体验下去。如图 8-22 所示，也可以根据情况，在 PC 网站增加视频，获得部分用户青睐，视频内容要以真实内容为主，不要使用动画机械地表达。

图 8-22　飞书官网人格化示例

除了上述 5 个元素，着陆页还要有连续性和故事性，要承接好搜索意图，从上到下讲一个完整的故事：我是谁、我有什么产品、我解决什么问题、案例、证言、CTA 等。

很多 To B 企业只设计了 PC 端的着陆页，但其实移动端的用户比例非常大，包括移动端推广和公众号传播带来的用户，所以还需要一个良好的移动端着陆页来承接移动端流量。

8.4.2 SEM 推广

SEM 是所有付费流量中质量相对比较好的。运营人员要清晰地知道转化情况，不仅要清晰地知道花掉的钱和带来的线索量，也要清晰地知道线索带来的成交量和成交金额，这样才算是对增长计划了如指掌。

越是专业，越需要明确地制定推广计划（推广计划是关键词存放的最大的分类，可以存放单元）和推广单元（推广单元是计划下的二级分类，可以存放关键词）。这是在进行推广前非常重要的一项基础工作，如果计划、单元组建不合理，不仅会让运营人员无法高效地管理账户，而且会影响到广告创意、出价、查看数据报告和后期优化等。

以百度推广为例，资金会分配到计划和单元中，如果知道哪些单元转化效果好、哪些单元转化效果不好，就能更有针对性地优化推广方案。

在百度推广购买了关键词之后，要选择合适的匹配方式。

（1）短语匹配：用户搜索的关键词完全包含运营人员推广设置的关键词，并且包含的部分与推广关键词字面完全一致时（顺序不变，无间隔），产品的推广信息才会在搜索结果中展现出来。

（2）精确匹配：用户搜索的关键词和运营人员竞价设置的关键词一模一样时，产品的推广信息才会在搜索结果中展现出来。

（3）广泛匹配：用户搜索的关键词完全包含推广关键词，并且允许包含部分字面顺序颠倒或有间隔。百度竞价系统有可能对匹配条件进行延伸，扩展至关键词的同义词、近义词、相关词，以及包含关键词的短语等。

运营人员要通过不断地调整来进行搜索词提纯，例如，加否定词、调整广告匹配模式等，从而提升匹配效率。

广告的创意也很重要，基本要求是飘红、通顺、相关、吸引。尽量突出产品 / 服务特点、公司优势，围绕单元主题撰写，突出检索词和实际业务之间的相关性，最好能够包括价格、促销、折扣或承诺的内容。

对于大多数中小企业主来说，推广预算都是有限的，希望能精打细算省着花。但是也要清楚一点，竞价排名是按点击量收费的，投入得少就意味着进入产品网站、了解产品的人少。即便是最低的点击价格，几十块钱连 100 个点击量都带不来，在这有限的点击量中就希望能有销售等转化，只能说想得太简单了。预算一方面要结合自身心里预算设定，另一方面也要结合行业情况，根据选择的关键字的排名规划来设定。例如，"OA""办公"这种词很贵，获客成本很高，所以这类 SaaS 服务的客单价一般都不会很低。

无论看什么效果，一定要看数据说话。媒体的数据后台提供了非常详尽的数据功能报告，通过数据功能报告能看到从账户到关键字、创意、地域、时段、排名等类别的数据报告。网站本身一定要集成数据统计，这个不难做，免费的百度统计就可以，这样就能更全面地检测后续的数据。

8.4.3　内容站建设

通过 SEO、SEM 等进行流量引入，再通过着陆页进行引导转化，这是常规的线索收割。

但是对于 To B 领域来说，提供的产品与服务较为复杂，并不是一锤子买卖，而且在每一个垂直领域，目标受众有限。"不能只关心买衣服的而忽略试衣服的"，运营人员在进行线索收割的同时，要注意线索培育，并且通过培育，帮助用户在自己的领域有所成长。

一个 To B 企业的网站承载品牌建设，用户进入网站想知道产品可以解决什么问题，带来什么业务价值。如果一个网站可以让用户学到很多知识，让用户认为这个品牌不仅有商品，还能教会自己如何用好商品并带来个人成长，那么这样的网站有极大可能会得到用户的喜爱。用户会不断地学习钻研，随着用户的认知日益提升，也会逐渐意识到品牌价值，最后成为客户。

如图 8-23 所示，成立于 2005 年的 HCM（人力资本管理）产品 Workday 就非常注重内容站的建设。

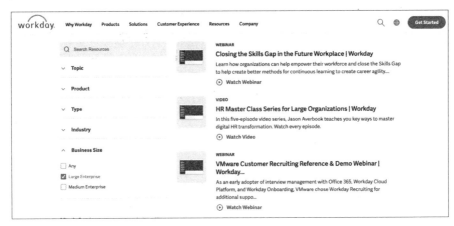

图 8-23　Workday 资源案例

　　B 端从业者可以参考 Workday 在网站上设立内容或资源中心，呈现一些高质量内容或资源。内容形式可以包括文章、白皮书、系列课程等，丰富多彩的内容会获得更多关注。

　　网站作为品牌宣传的窗口和承接流量的地方，数字营销人员需要为提高网站流量和转化率而制定工作计划。然而，目前 To B 行业的官网还是以简单的展示型网站为主，很难承担起转化的责任。内容资源中心弥补了网站内容不多的缺陷，有助于在搜索引擎中打榜，对 SEO 非常有好处。

　　在 Workday 网站上看任何资料的前提是必须注册，通过高质量内容可以获得新用户，因为帮助他人成长的内容会得到大量的注册线索。一个价值型内容站的构建，可以帮助运营人员更好地获客、更好地进行线索培育。可以根据用户下载/学习的不同教程打不同的标签，按照不同维度进行用户分层，例如，学习高级 HR 课程的可能是 HR 领导，这可以帮助运营人员进行后续的用户运营。

　　需要注意的是，通过内容站建设获得的线索通常是来学习的，可能对产品需求没有那么高，所以运营人员进行效果评估时，要明显区分于通过搜索引擎带来的线索。内容站建设的影响是长远和积极的，但成本比较高，可以作为长线目标规划。

8.4.4　高质量内容生产

前面提到了 Workday 官网上呈现了一些高质量内容或资源用于获客，高质量内容生产的成本比较高，并不适合初创的 B 端厂商，比较适合有内容基础的 B 端企业制作。接下来看一下如何快速生产高质量的内容。

高质量内容包括白皮书、课程、书籍等。

1. 白皮书

白皮书属于高质量内容，在内容的收集方面可以从国外的网站和媒体机构去收集一些内容和相关的数据。如果直接照搬国外的内容，有时效果并不太好，因此需要加入相关的解读和理解形成白皮书内容。

如图 8-24 所示，"致趣百川"就比较擅长做白皮书，里面有些内容就是从国外的网站拿来的，然后在每一页中都加入自己的解读和理解，并用一些特殊的颜色标注出来，这样在原来的内容上增加了价值观，把这些内容定义成解读版，这样可以高频产出白皮书。

图 8-24　白皮书案例

2. 课程

课程的生产成本也是相对比较高的。有好多公司老板出去演讲，讲的都是公司介绍，这种内容价值感比较弱，如果将内容换成课程可以大大提升价值感。

相关内容运营人员可以参考一些课程框架，基于行业趋势、行业痛点、解决方案、案例、公司介绍和产品介绍等内容梳理一个课程 PPT，快速生产课程类的内容。运营人员可以从网上去寻找行业趋势、行业痛点等；解决方案、案例、公司介绍和产品介绍等内容属于基础内容，一般公司都有。

需要注意的是，课程不是在做企业广告，而是在讲一个内容，需要把公司已有的内容改变一个形式。例如，工具产品介绍可以变成工具使用课程，"Tower" 这款项目管理类工具就把产品介绍更换了形式，包装成了"项目管理实战 20 讲"课程的一部分，如图 8-25 所示。

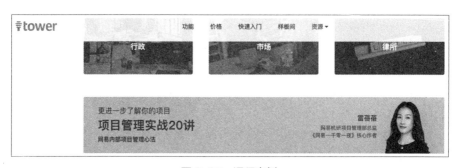

图 8-25　课程案例

课程 PPT 需要不断试讲和优化结构，这样就可以将课程内容和外界渠道合作进行营销获客了。

还有一种快速生产课程内容的方法就是把一个大的主题拆成一个个小的主题，然后内部分工开发，最后由一个人来整合。一般可以找几个高管分工完成高质量课程内容。

3. 书籍

书籍是一个非常好的高质量的内容形式，书籍出版之后找一些发行渠道，如书店、电商等平台，在发行的过程中可以帮助企业去建立一个很好的品牌，起到获客的效果。如图 8-26 所示，IT 培训机构传智播客就生产了很多原创书籍。

图 8-26　书籍案例

笔者之前做技术时自己独立写过一本技术书，知道书籍这种内容形式非常难生产，它的成本非常高。很多企业有时一两年都无法完成一本书。那么书籍怎么快速生产呢？

第一种方法就是老板、合伙人或核心人员个人出书，如果公司有人的内容积累非常多，业务理解能力非常强，可以由他一个人快速完成。如果他比较忙，可以整理一下他平时讲解内容的录音，转化成文字编撰成书。例如，360 总裁周鸿祎出过一本自传——《颠覆者：周鸿祎自传》，里面记录了他 20 年的创业历程，也侧面宣传了公司的产品和企业价值观。

第二种方法就是梳理框架后内部分工，每个人写部分内容，因为每个人的语言风格不一致，所以最后需要有人汇总重新写一遍。这个方法的难点在于目录结构的制定。

8.5　获客内容准备

除了日常内容营销，获客内容也需要提前准备，这些内容是销售的弹药。

8.5.1　内容组合策略

在面向 C 端用户时，可以通过一篇文章就让用户走完"产生需求→了

解产品→解决顾虑→下单购买"的决策流程。但是 B 端的决策链很长，B
端运营人员在做内容营销时不能用 C 端的思维一步到位影响用户，而是应
该去思考对处在不同决策阶段的用户，要用怎样的内容策略推动他们进入
下一个决策阶段。

如表 8-1 所示，很多企业客户一开始只知道自己有痛点，但是并不知
道解决方案是什么，这时运营人员需要通过内容逐步引导客户。这个阶段
的内容营销策略是对客户进行认知教育并创造需求，行业干货、方法论、
白皮书等内容比较适合。这些内容适合分发在不同渠道上，以便更广泛地
接触潜在客户。

表 8-1　不同阶段的内容营销策略

用户购买阶段	用户认知状态	内容营销策略	相关内容示例
认知	有痛点	认知教育、创造需求	行业干货、方法论、白皮书、直播课程
考虑	对产品有兴趣	培育需求、了解产品、加强信任	公司介绍、客户案例、企业新闻、产品功能介绍
选型	对比同类产品的优劣势	辅助运营、销售人员，推动用户选择产品	产品功能、竞品分析、Demo
决策	最后考虑阶段	辅助运营、销售人员，加速用户购买	报价单、功能清单
上手	焦虑如何把产品用出效果	辅助客服/客户成功团队，帮助客户尽快把产品用好	操作手册等
续约	用产品中	辅助客服/客户成功团队，帮助客户尽快把产品用好	客户分享

客户对产品有兴趣，但是并不清楚产品具体能做什么、能带来什么价
值，这个阶段要通过一些案例和解决方案让客户进一步了解产品，加强客
户的信任感。多个案例可以制作成案例集。运营人员可以根据产品、行业、
客户的业务场景等不同角度把案例梳理出来，然后把这些案例做成一个案
例集，也可以做成一个 H5，方便手机分享。这部分内容相对比较容易生产，

可以发给公司销售人员，增加销售人员获客的弹药。如果有标杆客户，可以把标杆客户痛点、服务过程中的情况等内容整理加工，从而快速生产高质量的案例解析。

当客户已经开始和销售人员沟通时，大概率会对比同类产品的优劣势。竞品分析等内容更适合这一阶段，可以加速客户购买产品。

宣讲的 PPT 一定要提前准备，PPT 中要包含公司介绍、产品优势、解决方案和客户成功案例等。针对不同行业的客户要准备不同的 PPT，例如，面向金融行业的客户尽量准备金融行业的案例和解决方案，有针对性地介绍产品功能。产品 Demo 也需要提前准备，方便给客户演示。

客户决策时给客户提供报价单和功能清单，这些一般也会体现在合同里。

客户购买了产品后，还要提供必要的用户手册等内容，帮助客户尽快把产品用好，让其清晰地感受到产品价值，为续约做铺垫。

8.5.2　内容分发

能够对客户认知教育、创造需求的内容适合分发在不同的平台上，以便更广泛地接触潜在客户。从运营成本考虑，内容运营人员不可能只运营一个内容平台，一般会同时运营多个内容平台。

内容运营人员对运营的平台要有深刻的理解，基于平台更好地打造个性化内容；同一主题要想在多平台上分发，需要把主题内容改造成适合当前平台的形式；内容运营人员要了解不同平台的特色和功能点，针对特色和功能点运用不同的策略。例如，知乎上一线城市的用户比较多，UGC 内容比较多，风格一般是有趣＋有料。而悟空问答上三、四线城市的用户居多，回答尽量严肃专业一些。

内容运营人员要系统地分析内容数据，结合经验更好地提升内容分发效果。尽量保持"T"型分发，横向多平台发布，纵向发布 / 投放行业垂直媒体 / 社区。

不同内容平台都有自己的首发和原创支持政策，很多原创者会倾向于选择一个内容平台发布，后续再发布到官方平台上。因此，内容运营人员需要了解不同内容平台的首发和原创支持政策，把首发原创留给效果最好的平台，一般原创会有流量加成，举例说明如下。

如图 8-27 所示，今日头条的原创权益包括以下内容。

（1）具有"原创"标识。

（2）获得更多推荐与分成。

（3）支持站内维权。

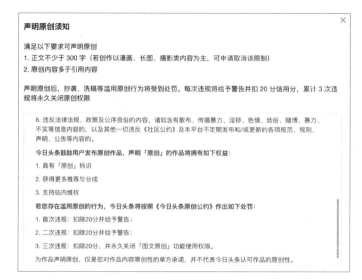

图 8-27　头条号声明原创须知

不能什么内容平台火就去什么平台，内容运营人员应该先搞清楚产品的目标客户经常出现在什么平台，然后再决定要用哪些平台；还要考虑平台流量是否足够大，整体流量太小不值得投入太多精力去运营。多平台内容运营要发挥出联动效应，联动自有平台矩阵资源。例如，可以用抖音引爆，用微信公众号等平台承接。当然，经费允许的情况下，可以联动外部资源或线上线下联动，这点也适用于 C 端产品。

做内容投入很大，也很难量化投入产出比，当决定产出某种类型的内容时，要考虑是否有持续运营内容的能力，例如，知乎平台有"盐值"分，在平台运营时间越长的号分值越高，权重也就越高；还要评估团队是否擅长生产内容，例如，短视频生产起来就有一定门槛，在投入精力和资源前要慎重考虑。

很多事都讲究二八法则，虽然内容平台很多，但内容运营人员 80% 的精力要放在 20% 的高质量内容平台上，聚焦在主阵地上。

8.6　微信生态建设

线上渠道不能忽略庞大的微信生态，无论是订阅号、服务号，还是社群营销、私域流量等，都依赖微信生态。

8.6.1　微信生态简介

从最初的零商业化到不断地推出各种服务，微信不停地完善其商业生态闭环的建设。

2011 年 1 月，微信正式发布。

2012 年 4 月，上线微信朋友圈功能，用户可以通过朋友圈发表文字和图片，同时可以通过其他软件将文章或音乐分享到朋友圈。

2013 年 8 月，微信公众平台升级，分为订阅号和服务号，这也是 B 端企业对外发声的主要平台。

2014 年 3 月，开放微信支付功能，商业价值不言而喻。

2015 年 1 月，微信发布第一条朋友圈广告，朋友圈广告可以用来做品牌宣传。

2017 年 1 月，微信第一批小程序正式上线。

……

2020 年，微信通过 "#" 可以把文字变成搜索链接，能在朋友圈或聊天界面直接跳转到小程序或公众号。

微信已经不仅仅是聊天工具，通过公众号、视频号、小程序、朋友圈广告等逐步打造了内容、应用、广告三大生态。

小程序是依托微信而生的，而微信是强社交平台，所以小程序自带的一个天然、突出的优势就是强社交属性。而且在小程序的设计上，对分享这一功能做了很大的创新，不再仅仅是内容共享，而是带来了一种新的协作方式。

基于微信本身庞大的用户群体，微信小程序的数量及用户规模近几年呈现快速增长，使用程度也在不断加深。根据官方数据，微信小程序不仅在生活、购物方面的用户规模呈现快速增长，基于用户即时、方便的服务需求特性，而且在办公行业的用户规模也呈现快速增长。B 端产品理论也具备通过微信小程序矩阵提高用户效率、实现客户增长的条件。

8.6.2 微信小程序介绍

微信小程序是 2017 年 1 月正式推出的，是一个不需要下载安装就可使用的应用，用户扫一扫或搜一下即可打开应用。

在市场不确定的情况下，通过设计实验来快速检验产品或方向是否可行，被称为 MVP。小程序可以比较低的成本开发上线，无疑可以更低的成本去验证基本的商业假设目标。

微信小程序不只是简单的产品，也是营销渠道之一，主要有以下几个优势。

（1）品牌呈现优势。目前移动端流量高于 PC 端，小程序比 H5 更流畅，易收藏，完全可以替代移动端的企业官网，多维度呈现企业品牌。如图 8-28 所示，搜索"官网"可以看到很多官网小程序。

图 8-28　官网小程序示例

（2）入口优势。微信小程序有十多种入口，例如，通过扫码、微信搜索、公众号文章添加小程序链接、聊天分享、附近的小程序（图 8-29 的顶部条目）、小程序列表（图 8-29）、首页下拉、桌面图标（Android 手机支持）、服务号通知（图 8-30）等均可进入小程序。

图 8-29　小程序入口示例　　　图 8-30　服务号发送小程序消息示例

2020 年底，微信还上线了"#"快捷搜索链接功能，可以把链接发到朋友圈，点击跳转到小程序，相当于变相地开放了朋友圈入口，如图 8-31 所示。

图 8-31　"#"快捷搜索链接示例

（3）在低频场景下具备明显优势。低频工具场景想要用 App 或 PC 来填充，遇到的困境往往比较多。例如，用户需要下载 App，要走一大堆流程，手机里的 App 过多还不易查找，Web 端无法解决随时随地的问题。而小程序可以成为低频工具场景的一个新方向，用户在微信内打开这些低频场景的成本远比其他方式小得多，尤其是办公工具类小程序凭借与 App 和 PC 数据互通、便于在微信内分享等特点，相比 App 获得了更大体量的用户青睐。

8.6.3 小程序矩阵介绍

小程序体积有限，一般用于满足相对单一的场景。产品团队可以将自有业务或服务切分为多个微信小程序，每个小程序都针对特定的场景和人群提供轻量化服务，并且每个小程序间基于合适的场景做了有机链接，形成了小程序矩阵。

小程序矩阵最早在 C 端产品中用得比较多，当用户在微信中搜索"肯德基"时，可以看到出现了一堆肯德基的小程序，如图 8-32 所示。

美团、饿了么等生活服务类的产品也把自有业务切分为多个小程序，满足不同场景和人群，如图 8-33 所示，搜索"美团"也出现了很多小程序。

图 8-32 肯德基小程序矩阵示例

矩阵中的小程序数据功能有机链接，可以看到图 8-34 中"肯德基自助点餐"小程序底部框中展示了矩阵中的其他小程序，用户可以根据需求跳转到矩阵中的其他小程序。

图 8-33　美团小程序矩阵示例

图 8-34　小程序矩阵有机链接

B 端产品一般业务复杂，场景、角色多，B 端产品团队可以通过将不同的轻量化小程序组合成小程序矩阵，来满足不同场景、不同角色的需求。

单一场景的轻量化小程序要比一个大而全的程序加载速度更快，用户更容易找到自己需要的服务。

从流量层面，通过多个垂直的小程序，在小程序名称、功能介绍上可以暴露更多的关键词，从而命中微信搜索的流量。

例如，"完美访客""轻松记排班"等小程序可以获得"访客""排班"等关键词的搜索流量，如图 8-35 和图 8-36 所示。用户进入小程序后又可以通过跳转等形式进入"完美工事极速版"小程序，实现小程序矩阵的协同效应。

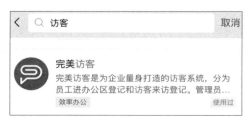

图 8-35　完美访客示例

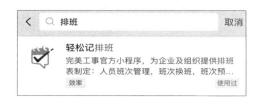

图 8-36　轻松记排班示例

小程序矩阵的组合方式有多种，例如，以主小程序作为流量入口，通过不同的场景延伸，带动矩阵内的其他小程序，像前文介绍的肯德基小程序就是这种形式。

B 端产品常见的小程序矩阵主要通过不同业务的小程序来布局，让小程序之间的服务既相互独立又存在关联，用于适应用户在不同场景下的需求，可以没有主次之分。例如，团队开发了 CRM 相关的产品，同时还可以开发"名片小程序""客户管理小程序"等。

如果 B 端产品具备 C 端属性，可以像 C 端产品学习，搞一些裂变的玩法。这时可以通过一些流量的裂变小程序给主小程序引流，如图 8-37 所示，这样可以快速增长用户，同时降低主小程序被封杀的风险。

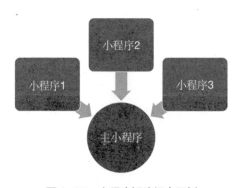

图 8-37　小程序矩阵组合示例

8.7　提升 B 端活动营销效果

活动需要长短期相结合，长期就是品牌势能的打造，短期则是有效线索的获取、培育和转化，只有这样才能提升活动营销效果。有些 B 端企业不够重视品牌势能的打造，只是在做一些小规模、小范围的短期活动，这样分散、无规划的活动是无法形成品牌势能的，没有品牌势能意味着各种营销成本很难降低。当品牌势能足够时，转化活动的成本就会降低，产品的品牌溢价也会体现出来。

8.7.1　B 端活动与 C 端活动的区别

B 端活动与 C 端活动的背后逻辑是不同的，主要区别是用户规模不同、价格和价值敏感度不同、决策方式不同，如图 8-38 所示。因此，B 端业务不能用套用 C 端的做法。

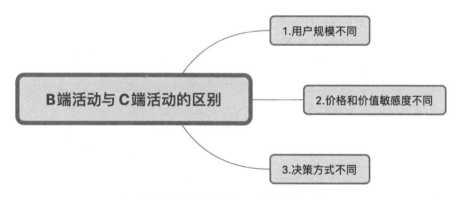

图 8-38　B 端活动与 C 端活动的区别

1. 用户规模不同

C 端产品用户一般是个人，用户基准较大，一场爆款活动动辄能带来百万甚至千万量级的曝光。C 端产品通过营销活动，可以在短期内对产品注册用户数、日活、销售额等数据指标带来明显的提升。

B 端产品面向的是企业客户，用户规模相对于 C 端产品少很多，通过一场活动获取的线索数量有限。

2. 价格和价值敏感度不同

C 端用户对价格比较敏感，所以打折促销、限时秒杀这类活动能够明显地促进销量的短期增长。

B 端客户对价格的敏感度低，对价值的敏感度高，看重的是产品价值、品牌等，通过一些营销活动很难在短期内获得像 C 端产品那么明显的营销效果。B 端客户更倾向于和信赖的品牌长期合作，因此活动要有利于与客户建立关系、促进交流沟通。

3. 决策方式不同

C 端产品主要是感性决策，决策链比较短，活动只需要满足用户个人的需求。

B 端产品主要是理性决策，大多数使用人不是决策人，存在决策周期长、决策过程复杂的特点，决策过程中甚至会涉及好几位决策对象，需采取有针对性的营销活动满足多方的需求。因此，很难通过一次短期活动直接看到效果，需要有体系、有计划地开展活动，切忌无意义地执行一场接一场毫无关联的活动。

8.7.2 B 端活动的类型

B 端活动的类型有很多，需要根据目标的不同，将不同形式的活动进行组合和混搭，打造出伴随业务周期的营销节奏。B 端活动按照活动举办方式，可以分为主办类、联办类、赞助类等。B 端活动按照场景，可以分为线上和线下两类，线上活动的价值重点在于品牌和流量的吸引，线下活动的价值重点则在于线索获取、需求挖掘和销售促进。2020 年新冠肺炎疫情带来的改变就是线上活动占比越来越多，线上活动也承担了大量线索收集和转化的作用。

线上活动的主要形式包括直播、微课、培训活动等，如图 8–39 所示，主要难点在于如何能够获取尽量多且优质的线索。无论是微课还是直播，其实内容可以是一样的，也可以线上线下同时开展。可以找内部或外部的讲师，也可以找公司的 CEO、高管，因为他们通常具备非常好的经验和影响力，能产出内容和干货。然后通过官网或公众号等方式引导用户留下线索。

图 8-39　钉钉举行微课活动

线下活动的主要形式包括行业会议、展会、沙龙、会销、企业参访、产品推介会等。

行业会议、展会、沙龙等都可以自主办或联合办。主办类活动是指自主发起活动，如果按照规模来划分，主办类活动中规模最大的是一些有品牌属性的活动，规模甚至可以达到成千上万人，一年举行一次即可。图 8-40所示是"完美工事"举行的周年品牌活动。

图 8-40　"完美工事"举行的周年品牌活动

当企业只是刚刚起步，产品还处在验证阶段时，与其费时费力费钱地做一场大的品牌活动，不如服务好现有客户，打磨好自身产品，同时做一些放大品牌影响力的轻度活动。如果企业已经发展到了一定规模，产品已经达到 PMF，并且客户已经完成了一个生命周期的服务，可以为企业站台，此时就可以去思考做一场有品牌属性的大型品牌活动，品牌活动尽量安排在客户业务的淡季，方便客户关注参加。

除了大型品牌活动，B 端厂商主办中小型活动的效果也比较好，一般是百人规模，目的通常是转化，并且会有比较明确的主题。此外，还有小型的沙龙和研讨会，人数不用太多，但一定要高规格，邀约一些级别较高的人，这样的小型活动对促单也很有效。培训类的活动需要更加凸显给客户提供的有效课程，可以帮助客户提升在自己相关业务维度的知识和能力，也可以帮助客户熟悉软件、提升管理技能。

参与活动是成本较低的一种方式，例如，参加行业展会不仅可以有效提升公司形象、提高产品的知名度和市场竞争力，是对当地渠道商的一种支持和协助，也可以节省时间接触到更多意向客户，还可以在展会现场了解竞争对手的动态。参与活动则是看主办方的时间安排，条件允许的情况下尽量多参加，缺少预算的情况下公司不参展但是可以派几名员工去展会现场了解其他竞品动态，同时看看能否找到同客异业的合作伙伴。

联办类活动是联合多方共同举办活动，提升影响力，一般都是找同客异业的厂商共同举办。

赞助类活动主要以提升行业影响力为目的，赞助行业大会等知名活动。例如，提供自家的周边礼品或体验服务，可以在合作方的活动现场放置易拉宝、单页等物料，以及 LOGO 联合展示等。赞助行业峰会是企业打响品牌知名度和获客的绝佳方式，运营 / 市场人员需要关注行业的相关信息，做好活动营销日历，把相关的活动统计下来，逐个进行沟通。需要注意的是，赞助的报价会比较高，这个费用一般是可以谈的，如果分享的内容是高质量的，产品是知名度较高的，费用是可以谈得很低的，甚至可以采用置换资源的方式进行合作。

　　B 端业务存在决策周期长、决策过程复杂的特点，很难通过一次短期活动直接看到效果。在策划一场活动之前，首先需要明确产品的目标人群是谁。对 B 端企业来说，客户购买行为涉及决策者、采购者和使用者，不同群体的需求不同，因此活动要根据不同的目标客户策划不同的活动主题。可以按照获取销售线索、推进客户决策、达成成交的顺序逐步递进。例如，可以通过展会收集意向线索，再通过一些沙龙等活动培育线索，最终可以配合销售人员开展促销活动转化线索。

8.7.3　活动具体流程

　　活动具体流程大致包括活动策划、活动准备、活动执行和活动复盘 4 个阶段，如图 8-41 所示。

图 8-41　活动具体流程

1. 活动策划

活动策划阶段需要做好以下几点工作。

（1）了解活动背景。活动运营人员需要了解活动举办的目标，对活动举办的背景进行调查，能够回答为什么要做这个活动。

（2）熟悉产品功能和客户画像。策划活动前必须了解产品功能和客户画像，知道如何找到精准的客户群体。

（3）根据活动目标确认活动的主题、时间、地点、预算、主要流程、资源和分工，并沟通确认好相关的渠道。

2. 活动准备

活动准备是最重要的一个环节，需要制定活动具体流程，编制好预算，确定好场地；需要设计制作活动物料，搭建活动网站等；需要明确各项工作负责人及排期，如图 8-42 所示。大部分任务都必须在活动开始前确认。

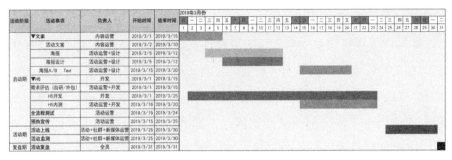

图 8-42　活动排期

如果有条件，活动上线前可做小范围内测；做好活动效果不佳的调整预案，例如，临时增加福利，修改海报、文案，等等。

3. 活动执行

图 8-43　活动执行过程

活动执行非常考验团队的执行和协作能力，一个活动能否成功执行很重要。如图 8-43 所示，活动执行过程大致分为四部分，即场地布置、过程控制、素材收集和活动撤场。

（1）场地布置：大型活动一般在活动开始前几天或前几周就开始搭建场地、调试设备，如图 8-44 所示，"世界智能大会"提前几周就开始搭建活动场地。小型活动也应该至少提前半天完成场地的布置，搭建好设备，根据活动的流程设计做彩排，发现问题及时调整。

（2）过程控制：活动过程中对流程的控制非常重要，如果一个环节超时，其他环节的时间就很可能被压缩甚至再超时，导致错过重要的时间节点。如果有条件，可以安排专人来控制流程。

（3）素材收集：活动现场需要采集一些照片和视频的素材，方便后期宣传，这个工作最好由专业的人员负责，甚至采购专门的服务。

（4）活动撤场：活动结束后，需要整理回收物料，确保重要的设备和物资没有丢失或损坏。撤场后，在官网等渠道发布相关的内容，尽量扩大活动的影响力。

图 8-44　第三届世界智能大会场地现场

4. 活动复盘

复盘总结也是活动策划很重要的一项任务,包括但不限以下几个方面。

(1)收集与整理活动相关的数据。例如,活动网站的访问量、销售转化的数据、互动反馈等。活动成本也需要统计,计算一下 ROI。

(2)记录活动改进点及复用点。活动做得好的地方和需要改进的地方都需要记录,方便以后借鉴。

8.7.4　如何让一个 B 端营销活动效益最大化

在如今移动互联网的时代背景下,做 B 端活动一定要线上与线下相结合,客户不会在单一渠道了解到产品或活动的全部并且立即购买,而是在多个渠道了解后,经过思考才决定购买。所以,务必要多渠道触达用户,不断加深客户对产品或活动的好感。

做 B 端营销活动一定要有较强的成本意识,重视公司的每项投入产出比，要具备"如何使市场活动形式更有效""如何提升活动投入产出比"的思考能力。

如图 8-45 所示，让 B 端营销活动效益最大化需要注意 7 个方面。

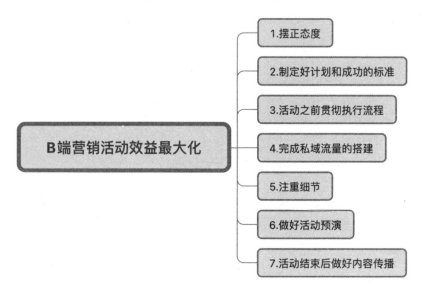

图 8-45　B 端营销活动效益最大化的 7 个方面

1. 摆正态度

态度决定一切，很多市场运营人员都错误地认为他们只不过是举办一个活动而已，成不成功无所谓。既然要做，就必须要做好，摆正态度，尽量往成功的方向努力。

2. 制定好计划和成功的标准

在活动开展前，其实很多工作已经需要提前开展了。一般活动都会有一个立项的动作，有些会涉及活动筹备计划、活动预算，其中活动预算一般是根据活动的目标来编制的。尽量制定好量化的活动目标，例如，设置并测定目标转化率和成交率。

3. 活动之前贯彻执行流程

活动推广不单单需要前期精心地策划，还需要贯彻执行流程，做到最大程度地执行，那才是活动的关键。例如，制定好所有的营销话术，整理好电子邮件和电话信息。

4. 完成私域流量的搭建

社交是每次活动的关键部分，每次活动后，完成搭建私域流量池。让参与者互相认识、交换联系信息、参加社区并互相学习交流，以便对后续产品演示起到推动作用。

5. 注重细节

尽量确保活动的每一个细节都能反映出高质量的服务，例如，从邀请函的设计到发送确认邮件，甚至要注意每一张姓名牌是否拼写正确。还要注重建立品牌的商业形象，例如，顶级的场所、高级的产品 PPT 展示介绍、用心的内容品牌软件等都能吸引参与者。

6. 做好活动预演

尽量做一次活动预演，并做出 B 计划，以及风险预估。花费必要的时间计划，确保技术支持和内容表达无懈可击。

7. 活动结束后做好内容传播

将活动内容放在公司网站、各个内容分发平台，让活动宣传在活动结束后依然可以继续，同时尽量保留客户现场证言，记录客户讲述通过公司的产品服务改变了他们业务的成功故事，活动结束后可以在官网及各个内容平台营销中使用这些客户案例。

8.8　对接销售团队

销售人员是负责"摘果子"的，运营 / 市场人员是负责"种果子"的。当运营 / 市场团队把线索移交给销售团队时，不能只看数量而忽视质量，否则很容易造成双方摩擦。运营 / 市场团队觉得已经通过活动收集到了大量线索，而销售团队觉得能直接转化的线索不够。

解决此问题的办法就是制定有效线索标准。制定有效线索标准时可以参考 BANT 原则。

（1）Budget（预算）：客户是否有足够的预算来购买产品或服务。

（2）Authority（权限）：该线索联系人的职位是否为采购决策人或影响人。

（3）Need（需求）：是否有采购需求，需求的意愿是否强烈，产品能否满足需求。

（4）Time（时间）：近期是否考虑采购，是否同意近期与销售人员见面。

图 8-46 所示是"完美工事"HRM 软件制定的有效线索标准。

"完美工事"有效线索标准	
职位	HRD
职责	负责企业内部人力资源管理
行业	主打互联网行业
企业规模	100 人以上
需求情况	近期有 HRM 软件采购需求

图 8-46 有效线索标准示例

通过职位和职责保证了联系人有相应的权限，限制企业规模在 100 人以上可以排除一些付费能力比较弱的小企业，主要目的是保证客户有足够的预算，因为有时联系人不愿意透露预算，或者针对该产品或服务没有固定的预算。

利用上述原则，可以识别出较为成熟的线索，对于那些不够成熟但数量可观的线索，还可以利用活动来进行培育，促成转化。例如，在赞助活动中获得了潜在客户的联系电话或邮箱，但他们还没有很明确的采购需求，这时邀请他们来参与一场品牌活动的成功率还是比较高的。在品牌活动中传递信任感和影响力，不仅能彰显自身实力，还能趁机直接接触到潜在客户的公司高层。

做活动不能闭门造车，要多看一下其他厂商的活动形式、活动复盘。自己做的活动更要做好复盘，重点计算一下 ROI。

不能否认钱是活动的放大器，当预算少时，尽量用时间和精力实现小目标，避免使用大公司的套路；中等预算时，要聚焦资源，分工协作，多借鉴经典套路；大预算的策略则是海陆空全方位，多用行业内领先的资源，持续积累影响。

• 本章小结 •

本章要点总结如下。

（1）B 端营销矩阵就是以内容、活动和渠道等组合方式触达目标客户群，完成销售线索的获取。

（2）B 端产品流量主要来源为有机渠道和付费渠道。

（3）有机渠道的最大特征是通过高质量、高相关性的内容，提升自身在流量平台的曝光度，让精准用户能够主动找上门来。

（4）B 端日常内容包括企业新闻类、客户成功案例类、行业资讯类。

（5）SEM 是所有付费流量中质量相对比较好的，要不断提升匹配效率，通过数据分析清晰地知道转化情况。

（6）着陆页应尽量具备 5 个元素——价值主张、CTA、数据证据、客户证言、人格化。

（7）尽量通过内容站建设对线索进行培育，促成转化，基于现有内容快速产生高质量的内容是做内容营销非常重要的一部分。

（8）B 端的决策链很长，B 端运营人员在做内容营销时不能用 C 端的思维一步到位影响用户，而是应该去思考对处在不同决策阶段的用户，要用怎样的内容策略推动他们进入下一个决策阶段。

（9）线上渠道不能忽略庞大的微信生态，无论是订阅号、服务号，还是社群营销、私域流量等，都依赖微信生态。

（10）B 端产品可以在已有的成熟业务上，对业务逻辑和细分场景进行拆分，规划小程序矩阵，提升用户体验，增加流量，规避裂变风险。

（11）B 端活动与 C 端活动的背后逻辑是不同的，B 端业务不能用套用 C 端的做法。

（12）B 端业务对价值敏感，存在决策周期长、决策过程复杂的特点，很难通过一次短期活动直接看到效果，需要有体系、有计划地开展活动，切忌无意义地执行一场接一场毫无关联的活动。

（13）做 B 端营销活动一定要有较强的成本意识，重视公司的每项投入产出比，要具备"如何使市场活动形式更有效""如何提升活动投入产出比"的思考能力。

（14）当运营 / 市场团队把线索移交给销售团队时，不能只看数量而忽视质量。制定有效线索标准时可以参考 BANT 原则。